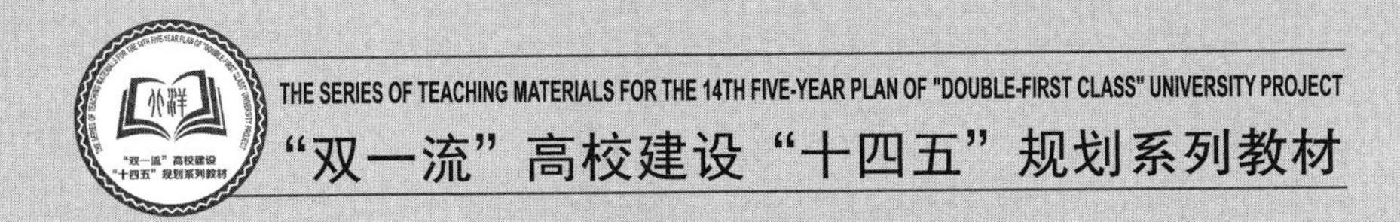

SHUICHULI SHIYAN ZHIDAOSHU

水处理实验指导书

刘 然 张光辉 王 芬 杜桂月 编著

天津大学出版社
TIANJIN UNIVERSITY PRESS

图书在版编目（CIP）数据

水处理实验指导书 / 刘然等编著. —天津：天津大学出版社，2022.11
“双一流”高校建设“十四五”规划系列教材
ISBN 978-7-5618-7357-1

Ⅰ. ①水… Ⅱ. ①刘… Ⅲ. ①水处理－实验－高等学校－教材 Ⅳ. ①TU991.2-33

中国版本图书馆CIP数据核字（2022）第236468号

出版发行 天津大学出版社
地　　址 天津市卫津路92号天津大学内（邮编：300072）
电　　话 发行部：022-27403647
网　　址 www.tjupress.com.cn
印　　刷 廊坊市海涛印刷有限公司
经　　销 全国各地新华书店
开　　本 787 mm× 1092 mm　1/16
印　　张 5.5
字　　数 138千
版　　次 2022年11月第1版
印　　次 2022年11月第1次
定　　价 20.00元

前　　言

“水处理实验”是高等院校环境工程专业的必修课，在环境工程专业本科生培养中具有相当重要的作用。该课程可以加深学生对水处理技术基本原理的理解，培养学生进行水处理实验的一般技能及使用实验仪器、设备的基本能力，培养学生分析与处理实验数据的基本能力，培养学生设计和组织水处理实验的能力。

本书紧密联系水处理实验教学，对实验设备、操作步骤、参数设定、数据分析和问题讨论等内容进行系统修编，使教材在科学、严谨的基础上更具有针对性。

本书内容包括概论、误差与实验数据处理、实验设计、水处理的物理和物理化学方法实验、水处理的生物化学方法实验共五章。本书重视经典理论的传承和新技术、新工艺的引进，实验部分包括颗粒自由沉淀、混凝、过滤、活性炭吸附、离子交换除盐、折点加氯消毒等十四项实验内容，兼顾了物理、物理化学和生物化学的主要理论和工艺技术，力求做到实验目的明确、原理清晰、步骤简明。另外，本书将水处理实验中涉及的重要分析化学实验附于书后，便于学生理解和查验。本书的编写出版，在满足实验教学需要的基础上，为学科人才培养提供了重要支撑。

本书由刘然、张光辉、王芬、杜桂月编著。本书在编写过程中得到了孙宝盛、齐庚申两位老师的大力支持，还得到了季民、顾平、孙井梅、刘轶文、黄建军、翟红艳等老师的支持与帮助，在此表示衷心感谢。

本书可作为高等院校环境工程及相关专业师生的实验教学参考书，也可供环境类相关学科的学生，从事环境类相关工作的科研人员、工程设计人员以及专业技术人员参考。

由于作者水平有限，书中难免有疏漏之处，敬请读者批评指正。

作者

2022年8月

目　录

第一章　概论

“水处理实验”是高等院校环境工程专业的必修课，是水处理教学的重要组成部分。通过参与实验和对实验过程与结果的观察、分析，学生可以掌握实验目的、实验原理、实验仪器、实验步骤，加深对水处理基本概念、现象、规律与原理的理解，培养实事求是的科学态度和工作作风。所学知识既可直接应用于实际工作，又可为净水工程、废水工程、环境工程相关综合性、设计性实验及课程设计奠定基础。

一、实验教学目标

（1）学生能够掌握实验内容和实验方法，掌握水处理实验技能和相关仪器、设备的使用方法，具有一定的解决实验技术问题的能力；学会设计实验方案和组织实验的方法。

（2）学生能够对实验数据进行分析与处理，正确解释实验现象，验证相关原理，进行规律性阐释，从而得出合理、有效的结论。

（3）学生能够正确理解团队成员角色，自觉履行团队成员应尽的职责和义务，与团队其他成员友好交流，勇于担任实验小组负责人的角色。

二、实验室规则

实验室是教师和学生进行教学实验和科研实验的场所，进入实验室前应认真预习实验内容，明确实验目的，了解实验的基本原理、方法、步骤，以及有关的基本操作和注意事项。

（1）进入实验室的一切人员，必须遵守实验室的各项规章制度，不迟到早退，不在实验室大声喧哗；要保持室内安静，同时要注意安全。实验室内不准吸烟，不准吃喝，不准打闹。

（2）实验前，应先清点所使用的仪器，如发现破损，应立即向指导教师申明并补领仪器。对玻璃器皿必须轻拿轻放、小心清洗，以防打碎；如在实验过程中损坏仪器，应及时报告，并填写仪器破损报告单。

（3）实验室内不存放与实验无关的个人物品。

（4）对精密、贵重的仪器、设备，要建立技术档案和使用记录，并指定专人负责。

（5）对精密、贵重的仪器、设备，学生必须先熟悉该仪器、设备的性能和操作方法，得到指导教师许可后，方可使用。

（6）严禁随意搬动、拆卸、改装实验室内的仪器、设备、器材，不准动用与实验无关的仪器、设备和其他设施，对违反规定、造成事故者要追究责任。

（7）应对实验水样、配制的溶液等进行编号，并在试剂瓶、比色管等上面贴好标签，以防弄错；取用的标准溶液（或化学试剂）使用后剩余的部分不能倒回原来的瓶内。

（8）实验时要听从指导教师的指导，严格按操作规程进行操作，同时要仔细观察，积极思考，并认真如实记录实验现象和数据，不得抄袭别人的实验记录。

（9）为了培养学生独立思考、分析问题和解决问题的能力，提倡学生独立设计实验方案，但实验步骤、方法应经指导教师审核并同意后，方可实施。

（10）实验时要保持桌面和实验室清洁、整齐。应将废液倒入废液缸，用过的试纸、滤纸等和废物投入废物篓。严禁将其投放在水槽中，以免腐蚀和堵塞水槽及下水道。

（11）实验中应严格遵守水、电、燃气，以及易燃、易爆、有毒药品等的安全规则，同时注意节约水、电、燃气和药品。

（12）实验完毕，应将实验桌面、仪器和药品架等整理干净，并及时切断水源、电源、气源等，将仪器、设备恢复原状。实验室的一切物品不得带离实验室。

（13）实验后，应根据原始记录，联系理论知识，认真分析问题、处理数据，按要求的格式写出实验报告，并及时交给指导教师批阅。

三、实验室安全知识

水处理实验中经常要使用水、电、燃气、各种仪器，以及各种易燃、易爆、有腐蚀性和有毒的药品等，故实验室安全极为重要。如不遵守安全规则而发生事故，不仅会导致实验失败，而且会损害人的健康，还会造成财产损失。因此，必须认真学习，熟悉各种仪器、设备、药品的性能，掌握实验中的安全注意事项，集中精力进行实验，严格遵守操作规程。此外，还必须了解实验室一般事故的处理方法等安全知识。

（1）实验室要设立专职或兼职安全管理人员，对于不符合规定的操作或不利于安全的行为，应坚决制止，并做好必要的记录。

（2）实验开始前，应检查仪器是否完好无损、装置是否正确安装，熟悉实验室及周围环境，了解实验室安全用具放置的位置，熟悉各种安全用具（如灭火器、沙筒、急救箱等）的使用方法。

（3）实验进行时，不得随便离开岗位，要密切注意实验的进展情况，水、电、燃气等一经使用完毕应立即关闭。

（4）实验室内严禁会客、喧哗，严禁私配和外借实验室钥匙。

（5）使用易燃、易爆化学试剂时，应远离火源，同时戴防护眼镜、防护手套等，切勿将浓酸、浓碱等具有强腐蚀性的药品溅在皮肤或衣服上，尤其不可溅入眼睛中。

（6）绝不允许任意混合各种化学药品，以免发生事故。

（7）实验室严禁乱拉乱接电线，电路应按规定布设，禁止超负荷用电，应定期检查线路及通风防风设备。

（8）实验室电气设备的功率不得超过电源负载能力，电气设备使用前应检查是否漏电，常用电气设备的外壳应接地。使用电器时，人体与电器导电部分不能直接接触，也不能用湿手接触电器插头。实验完毕，应将电器的电源切断。

（9）进行可能发生危险的实验时，应根据实验情况采取必要的安全措施，如戴防护眼镜、面罩或橡胶手套等。

（10）实验用化学试剂不得入口，严禁在实验室内吸烟或饮食。实验结束后，要细心洗手后方可离开实验室。

（11）实验室内任何药品都不得进入口中或者接触伤口，有毒药品更应该特别注意。有毒废液不得倒入水槽，以免与水槽中的残酸作用而产生有毒气体，从而污染环境，要增强自身的环境保护意识。

（12）做实验时应打开门窗和换气设备，保持室内空气流通；加热易挥发有害液体的实验，以及易产生严重异味、易污染环境的实验应在通风橱内进行。

（13）值日生或最后离开实验室的工作人员应检查水阀、电闸、燃气阀等，关闭门、窗、水、电、气后才能离开实验室。

四、实验室意外事故的一般处理

（1）被玻璃割伤时，伤口内若有玻璃碎片，必须将碎片挑出，然后涂抹酒精、红药水或消炎粉后包扎伤口。严重时应先在实验室内做简单处置，然后送医院急救。

（2）若遇烫伤事故，切勿用水冲洗，可用稀高锰酸钾或苦味酸溶液清洗伤口，再擦苦味酸溶液、万花油或烫伤药膏。严重者应立即送医院急救。

（3）若强酸或强碱溅入眼睛，应立即用大量清水冲洗，然后用碳酸氢钠溶液或硼酸溶液冲洗。

（4）若遇强碱触及皮肤，应先用大量水冲洗，再用约 0.2% 的醋酸溶液或者饱和硼酸溶液清洗，然后用水冲洗；情形严重者，急救后须转入医务室或医院治疗。

（5）若遇强酸腐蚀皮肤，应先用大量水清洗，然后用饱和碳酸氢钠溶液或稀氨水洗，最后用水清洗。

（6）吸入氯气、氯化氢气体、溴蒸气时，可采用吸入少量酒精和乙醚的混合蒸气的方法解毒。吸入硫化氢气体而感到不适时，应立即到室外呼吸新鲜空气。

（7）遇毒物进入口中时，若毒物尚未咽下，应立即吐出，并用水冲洗口腔；如已吞下，应设法催吐，并根据毒物的性质服用解毒剂。

（8）若因乙醚、乙醇、苯等有机物引起着火，应立即用湿布、细沙或泡沫灭火器等扑灭，严禁用水扑灭此类火灾。若遇电气设备着火，必须先切断电源，再用二氧化碳灭火器灭火，不能使用泡沫灭火器灭火。若火势较大，应立即报警。

（9）若发生触电事故，应立即拉开电闸，切断电源，尽快地利用绝缘物（干木棒、竹竿等）将触电者与电源隔离。如果事故严重，应立即将触电者送医院医治。

（10）在实验中发生意外，若伤势较严重，应立即送医院救治。

第二章　误差与实验数据处理

由于实验方法和实验设备不完善，周围环境的影响，以及人的观察力、测量程序等的限制，实验观测值和真值之间总是存在一定的差异。人们常用绝对误差、相对误差或有效数字来说明一个近似值的准确程度。为了评定实验数据的精确性或误差，认清误差的来源及影响，需要对实验的误差进行分析和讨论。由此可以判定哪些因素是影响实验精确度的主要方面，从而在以后的实验中进一步改进实验方案，以减小实验观测值和真值之间的差值，提高实验的精确性，进而有效地组织实验，合理地指导测定，正确地选择方法，快捷地使用仪器，以最佳的方式获得最有效的结果。

第一节　误差理论和应用

一、准确度与误差

准确度（accuracy）是指测定结果与真（实）值的符合程度。准确度的高低通常用“误差”（error）来描述。

（一）绝对误差和相对误差

误差可用绝对误差（absolute error，记为 E_a）和相对误差（relative error，记为 E_r）两种方法表示。若以 $\bar{x}$ 代表多次测定结果 x_i 的平均值，以 μ 代表真值，E_a 和 E_r 分别为

$$E_a = \bar{x} - \mu \tag{2-1}$$

$$E_r = \frac{E_a}{\mu} \times 100\% \tag{2-2}$$

由于测定结果相对于真值可大可小，所以误差就有正负之分。表 2-1 给出了天平称量练习中测得的两种组分的统计结果。从表中可以看出，虽然两种组分的 E_a 相同，但 E_r 不同，由于相对误差更能反映测定的准确程度，所以 A 组分的测定较 B 组分的测定准确。

表 2-1　天平称量结果统计

组分	$\bar{x}$/g	μ/g	E_a/g	E_r/%
A	0.414 3	0.414 4	−0.000 1	−0.024
B	0.041 4	0.041 5	−0.000 1	−0.24

（二）系统误差和随机误差

误差按性质可以分为系统误差和随机误差两大类。

1. 系统误差

系统误差（systematic error）是指在一定条件下由某些确定原因引起的误差，所以也称

为可定误差(determinate error)。它具有单向性(可以使测定结果固定地偏大或偏小,并且大小也有一定的规律)、重现性(当重复测定时,误差会重复出现)和可测性(增加测定次数并不能消除误差)的特点。根据误差产生的具体原因,可将系统误差分为以下几类。

1)方法误差　方法误差是由于分析方法本身不够完善或有缺陷而造成的。例如:称量分析中由于沉淀溶解或吸附某些杂质而产生的误差;滴定分析中由于指示剂的选择不够恰当,以致指示剂的变色点与化学计量点不相符而造成的误差;等等。这些都系统地影响测定结果,使其偏大或偏小。

2)仪器误差　仪器误差是由于所用仪器本身不够准确而造成的。例如,由于天平砝码质量、容量仪器体积或仪表刻度等不准确引起的误差。另外,长期使用后的仪器没有及时校正或没有调整到理想状态,也是引起仪器误差的原因。

3)试剂误差　试剂误差是由于实验时所使用的试剂或蒸馏水不纯而造成的。例如,试剂或蒸馏水中含有被测组分或干扰物质等引起的误差。

4)操作误差　操作误差是由于操作人员主观原因造成的。例如,分析人员在辨别终点颜色时偏深或偏浅,读取刻度值时偏高或偏低等引起的误差。

需要说明的是,在一个测定中有同时存在以上四种误差的可能性,所以不要因为找到一个引起系统误差的原因而忽视其他原因。

2. 随机误差

随机误差(accidental error)是指由各种因素的随机变动引起的误差。例如,测量时环境温度、湿度和气压的微小波动,仪器性能的微小变化等,都将使测定结果在一定范围内波动,从而造成误差。由于随机误差的形成取决于测定过程中一系列偶然因素,其大小和方向都不固定,因此无法测量,也不可能校正,所以随机误差又称为不可定误差(indeterminate error)。随机误差难以察觉,也难以控制,是客观存在的,也是不可避免的。

随机误差似乎很不规律,但在消除系统误差后,在同样条件下进行多次测定,发现随机误差是服从正态分布规律的。

(1)绝对值相等的正误差和负误差出现的概率大体相同,因而大量等精度测量后各个误差的代数和有等于零的趋势。

(2)绝对值小的误差出现的概率大,绝对值大的误差出现的概率小,绝对值很大的误差出现的概率非常小,即该误差有一定的实际极限。

由此可知,虽然随机误差不能完全消除,但通过采用多次测定取算术平均值的方法可以减小随机误差对测量结果的影响。

3. 系统误差与随机误差的转化

随机误差和系统误差虽然性质不同,但有时难以分清,甚至可以互相转化。如滴定管的刻度误差对于一支给定的滴定管来说,是系统误差,通过试验可以求出校正值,但每个校正值还会带有误差,应将其作为随机化的系统误差处理。另一方面,随着人们对误差来源及其变化规律的认识的加深,原来归为随机误差的某些误差也可转化为可以设法校正的系统误差。例如,玻璃容器对某些离子有较小的吸附作用,过去将其作为随机误差处理。后来人们逐渐认识到吸附作用对痕量分析的影响很显著,应作为系统误差处理,于是改用聚乙烯等塑料容器盛装溶液,从而避免由玻璃吸附作用引起的系统误差。

除了系统误差和随机误差外,在分析中还会遇到由于过失或差错造成的“过失误差”。

例如,加错试剂、试液溅失、读错刻度、记录错误等,这些都属于不应有的过失,是完全可以避免的。一旦出现很大的误差,经分析确定是由于过失引起的,则在计算平均值时应果断舍弃。

(三)误差的判定与计算

由上可知,无论何种误差的计算都涉及真值。在水处理样品检测中,真值通常可以通过理论真值、计量学约定真值、相对真值和标准器相对真值等途径获得。

1)理论真值　对于纯物质或基准物,通常认为其含量为100%,然后按照化学式计算所得到的理论值即为理论真值。

2)计量学约定真值　国际计量大会决议通过的值即为计量学约定真值。例如相对原子质量、相对分子质量、摩尔质量等。

3)相对真值　标准局或监测总站提供的标样的量值,或者一批有经验的分析工作者采用可靠的方法多次测定后的平均值,都可以作为水处理样品检测时的相对真值。

4)标准器相对真值　当高一级标准器的误差仅为低一级标准器误差的1/5以下时,则可以认为前者给出的值是后者给出的值的标准器相对真值。如铂电阻温度计给出的值就是普通温度计给出的值的相对真值。

由此可以利用测量值与上述真值进行计算,以判定分析结果的准确程度。

二、精密度与偏差

在实际工作中,往往对同一样品在相同条件下进行平行测定,然后用求出的平均值(mean, $\bar{x}$)代表测定结果,并用"精密度"(precision)来衡量平行测定结果的接近程度。如果说准确度是指测定结果与真值的符合程度,那么精密度则是指测定结果和平均值的吻合程度,或者是指一组测定值中各测定值的集中程度。精密度的高低通常用"偏差"(deviation)来描述。偏差也分为绝对偏差(d)和相对偏差(d_r)。

单次测定值的绝对偏差和相对偏差不能表示一组测定值中各测定值的分散程度;要度量一组测定值中各测定值的精密度,可用相对平均偏差(relative average deviation)或相对标准偏差(relative standard deviation, RSD)来表示,相对标准偏差也称变异系数,记为CV。各种表示方法如下。

单次测定的绝对偏差

$$d_i = x_i - \bar{x} \tag{2-3}$$

单次测定的相对偏差

$$d_r = \frac{d_i}{\bar{x}} \times 100\% \tag{2-4}$$

相对平均偏差

$$\bar{d}_r = \frac{\bar{d}}{\bar{x}} \times 100\% \tag{2-5}$$

式中 $\bar{d}$ 称为平均偏差,它是 n 次测定时每次测定值绝对偏差的绝对值的平均值,所以平均偏差都是正值。

$$\bar{d} = \frac{\sum_{i=1}^{n} |x_i - \bar{x}|}{n}$$

相对标准偏差

$$RSD=\frac{s}{\bar{x}}\times100\% \tag{2-6}$$

式中 s 为 n 次测定的标准偏差(亦称标准差)。标准差的平方 s^2 也称为方差。

$$s=\sqrt{\frac{\sum_{i=1}^{n}(x_i-\bar{x})^2}{n-1}}$$

由于标准偏差能够突出较大偏差的存在对测定结果的总体影响,所以实际工作中常用相对标准偏差来表示分析结果的精密度。

表示各测定值的集中程度除了用平均值($\bar{x}$)外,还可以用中位数(median,$\tilde{x}$)。中位数也称中值,它是将数据按大小排列后的中间数据。当 n 为奇数时,居中间者即是中值;当 n 为偶数时,中间两个数的平均值为中值。用中值表示时可以不受个别偏大或偏小值的影响,但表示集中的趋势时不如平均值好。

三、准确度与精密度的关系

精密度是指测定结果和平均值的吻合程度,或者是指一组测定值中各测定值的集中程度,它是由随机误差决定的;准确度是指测定结果与真值的符合程度,它是由系统误差决定的。两者含义不同,不可混淆,但相互之间有一定的关系。精密度是保证准确度的先决条件。精密度低,说明测定结果的重现性差,所得结果一定不可靠;但是精密度高,却不一定意味着准确度高。因为测定结果中有可能包含需要进行校正的系统误差。只有精密度高、准确度也高的测定结果才是可信的。因此,应从准确度与精密度两个方面来衡量测定结果的好坏,但首先要求精密度达到规定的标准。

四、提高分析测试准确度的方法

要提高分析测试的准确度,必须减小各类误差。常用的提高分析测试准确度的方法主要如下。

1. 选择恰当的分析方法

各种分析方法的准确度和灵敏度各有侧重,所以选择合适的分析方法是提高分析测试准确度的首要问题。称量法和滴定法测定的准确度高,但灵敏度低,适于常量组分的测定;而仪器分析法测定的灵敏度高,但准确度低,适于微量组分的测定。所以,对于同一样品,由于其质量分数的不同,选择的分析方法也不同。另外,在选择分析方法时,还要考虑试样的组成、组分的存在形式、其余组分的干扰等。

2. 最大限度地消除系统误差

对于各类误差,可以采用对照试验、空白试验、校准仪器等方法加以校正,以提高分析结果的准确度。

1)对照试验　用已知准确值的标准样品,按所选用的测定方法进行分析,检验测定结果与标准值是否一致,如果有差异,计算出校正数据。对照试验也可以用不同的分析方法,或者由不同的分析人员测试同一试样,互相对照。对照试验是检查分析过程中有无系统误差的最有效方法。

2）空白试验　在不加试样时，按照试样的分析步骤和条件进行测定，所得结果称为空白值，从试样的测定结果中扣除此值，就可消除由试剂、蒸馏水及器皿等引入的杂质所造成的误差。

3）校准仪器　在准确度要求较高的分析中，对所用的仪器（如天平砝码、滴定管、移液管、容量瓶等）必须进行校准，求出校正值，并应用在结果的计算中。

3. 增加平行测定次数

根据随机误差的分布规律，可以采用增加平行测定次数的方法减小随机误差对分析结果的影响。但测定次数不宜过多，对于一般分析测定，平行做 3~6 次即可，否则得不偿失。

4. 减小各步测定误差

在分析结果的误差确定之后，应严格按照误差分配来设计实验，并尽量减小各步的测定误差，否则会使分析结果的误差增大，降低分析测试的准确度。

第二节　有效数字及其运算规则

在科学与工程中，总是以一定位数的数字来表示测量或计算结果。不是说一个数值中小数点后面位数越多，该数值就越准确。实验中从测量仪表上读取的数值的位数是有限的，它取决于测量仪表的精度，其最后一位数字往往是估计数字，即一般应读到测量仪表最小刻度的十分之一位。数值的准确度由有效数字的位数来决定。

一、有效数字及其计位规则

1. 有效数字的意义

测量时所得到的全部数字称为有效数字（significant figure）。有效数字只允许保留一位可疑数字，其他都是准确数字。如用仪器测量时，除了由仪器刻度上读取准确数字外，还可以估计一位数字。对于 50 mL 滴定管，刻度只准确到 0.1 mL，读数时可估计到 0.01 mL。例如滴定时观察滴定管中的液面位于 22.2 mL 和 22.3 mL 之间，若确定测量体积是 22.25 mL，则前三位是准确数字，末位“5”是估计出来的，可能是“4”，也可能是“6”，于是末位数有 ±1 个单位的误差。“5”这个数字是不准确数字，即为可疑数字。但它不是臆造的，所以记录时应保留它。因此 22.25 mL 是四位有效数字，或者说 22.25 mL 的有效数字位数是四位。

对于可疑数字，除特别说明外，一般认为它可能有 ±1 或 ±0.5 个单位的误差。

2. 有效数字的计位规则

（1）非“0”数字都计位。1~9 各个数字，无论在一个数值中的什么位置，全都计位。

（2）“0”是否计位，要根据其在数值中的位置来确定。

处于两个非“0”数字之间的计位；处于非“0”数字之前的不计位（仅起定位作用）；处于非“0”数字之后的应计位。例如 10.05 为四位有效数字，0.034 为两位有效数字，1.60 为三位有效数字。

以“0”结尾的整数，其有效数字位数难以确定。如 1 200、10 000 等的有效数字位数不明确。一般可把 1 200 看作四位有效数字；若写成 1.2×10^3，则为两位有效数字；若写为 1.20×10^3，即为三位有效数字。因此，以“0”结尾的整数要按科学记数法表达，才能正确判断它的位数。

很大或很小的数字用“0”表示不方便，可用10的乘方表示，当用小数表示10的乘方前的数值时，习惯上在小数点前保留一位整数，如0.000 035 00 g表示为3.500×10^{-5} g。

（3）当首位数为“8”或“9”时，有效数字位数可多计一位，如8.1可认为是三位有效数字。

（4）计算式中的系数（倍数或分数）和非测定的数值，有效数字位数可视为无限多位，即认为其完全准确，不适合有效数字的计位和运算规则。

（5）对数的有效数字位数取决于小数部分的位数，因为整数部分（首数）只说明方次，起定位作用。例如：lg K=10.34，为两位有效数字；pH=2.08，也是两位有效数字。

（6）在误差分析计算过程中，一般要求保留两位有效数字。

（7）有关化学平衡的计算，最终结果一般保留两位有效数字。

（8）由各种常数表查得的常数、浓度、相对分子质量等，应根据检测和实验要求，确定保留的有效数字位数。

二、有效数字的修约和运算规则

当确定有效数字位数后，应对多余位数进行修约。在修约时采用“四舍六入五成（留）双”的规则：当尾数≤4时舍去；当尾数≥6时进位；当尾数恰为5时，应看欲保留下来的末位数是奇数还是偶数，若是奇数就进位，若为偶数则将5舍弃，这样保留下来的数一定为偶数。如果5后还有数，说明被修约数大于5，应进位。

当几个数相加减时，其和或差位数的保留应以小数点后位数最少（即绝对误差最大）的数为依据。例如，22.34、3.821、0.018三个数相加，其中22.34中的4已是可疑数字，其余两个数中小数点后第三位数应整理为只保留两位小数。因此上述三个数相加的计算为

$$22.34+3.82+0.02=26.18$$

当几个数相乘除时，其积或商位数的保留应以其中相对误差最大（即有效数字位数最少）的数为依据。如0.012 1、25.64和1.057 82三个数相乘时，这三个数的最后一位都有±1的绝对误差，则它们的相对误差分别为

$$\frac{\pm 0.000\,1}{0.012\,1} \times 100\% = \pm 0.8\%$$

$$\frac{\pm 0.01}{25.64} \times 100\% = \pm 0.04\%$$

$$\frac{\pm 0.000\,01}{1.057\,82} \times 100\% = \pm 0.000\,9\%$$

第一个数是三位有效数字，其相对误差最大，应以此数为依据确定其他数的位数，将各数都保留三位有效数字，然后相乘，即

$$0.012\,1 \times 25.6 \times 1.06=0.328$$

在大量数据的运算中，为了避免舍入误差迅速积累，对参加运算的所有数据可以暂时多保留一位有效数字，再根据修约规则对计算结果进行舍入处理而得到合理的数值。在确定修约位数后，应一次修约获得结果，不得多次连续修约。如修约15.454 6为两位有效数字，正确的做法是15.454 6 → 15，而不应为15.454 6 → 15.455 → 15.46 → 15.5 → 16。对于负

值，修约时应先对绝对值进行修约，然后在修约值前加上负号。

三、有效数字在水处理实验中的应用

1. 有效数字在测定记录中的应用

在记录测定数据时，应根据所用仪器的精度记录所有准确数字和最后一位可疑数字。由于所用仪器的精度不同，所以记录的测定数据的位数也不同。

托盘天平（或称架盘天平、普通药物天平）的分度值一般为 0.1 g（十分之一天平），只能准确至 0.1 g，所以用此天平称量时只能记录至小数点后一位。工业天平的分度值为 0.001 g（千分之一天平），所称物体质量只能记录至小数点后三位。同理，万分之一天平、十万分之一或百万分之一天平等，只能记录到相应的位数。由此看出，用不同的天平称量物体，所记录的有效数字位数不同，所反映的准确度也不同。

在取样过程中，还有一些最常用的量器，如滴定管、移液管、容量瓶等。它们的规格不同，最小分度值也不同，所以记录的测定体积的有效数字位数也不同。例如，对于 50 mL 和 25 mL 的滴定管，最小分度值为 0.1 mL，读数至 0.01 mL。如滴定管读取体积为 20.12 mL，它是四位有效数字，其中最后一位为可疑数字，实际体积为（20.12 ± 0.01）mL 范围内的某一数值。又如微量滴定管，容量为 2 mL，最小分度值为 0.01 mL，读数能达到 0.001 mL。

由此看出，正确记录数据是保证分析结果准确、可靠的前提。实验数据不仅表明测定的数值大小，而且表明测定仪器的精度。

特别要指出的是，在称量物体或测量体积时，对于从数学角度看关系不大的、数字末尾的“0”，在记录过程中不要轻易地取舍。

2. 有效数字在分析结果报告中的应用

在分析结果报告中，不是保留的位数越多，分析结果就越准确。因为所得分析结果不仅表明被测量的大小，而且表明其是以怎样的准确度进行测量的。如果保留的位数过多，则夸大了准确度，不符合实际，令人难以置信；如果保留的位数过少，则降低了测量准确度，使结果毫无意义。

第三章　实验设计

水处理过程中的现象、规律需通过实验发现和验证，相关理论、数学模型和工程设计参数的建立和确定也和实验研究密切相关。科学、合理地确定实验方案，以最少的人力、物力和时间找出影响实验结果的主要因素，可揭示水处理反应过程内在规律，也可为水处理工程优化设计、达到高效低耗运行提供依据，还可在实验基础上建立相关经验公式或数学模型用于指导实际生产。另外，正确的实验设计也是得到可信的实验结果的重要保证。

科学、合理的实验方案，来自优化实验设计，即在实验之前，根据实验目标，利用数学方法，科学、合理地安排实验，确定出最佳实验方案。在生产过程中，为了达到优质、高产、低耗等目的，人们常需要对有关因素的最佳点进行选择，一般是通过实验来寻找这个最佳点的。实验的方法很多，为了迅速地找到最佳点，需要通过实验设计，合理安排实验点位。优化实验设计可减少实验次数，节省原材料，因此越来越受到科技人员的重视，得到了广泛应用。例如，混凝剂是给排水处理工程中常用的化学药剂，其投加量因具体情况不同而异，因此常需要多次实验以确定最佳投药量，此时便可以通过实验设计来减小实验的工作量。

第一节　实验设计的基本概念

实验设计是解决水处理问题的重要手段，因此我们应理解和掌握实验设计的一些基本概念。

实验方法是通过实验获得大量的自变量与因变量一一对应的数据，以此为基础来分析整理并得到客观规律的方法。

实验设计是指在实验之前，明确实验目的，找出需要解决的主要问题，根据实验原理科学安排实验，以求迅速找到最佳条件，揭示事物内在规律的活动。实验设计方法有很多，包括单因素实验设计法、双因素实验设计法、正交实验设计法、析因分析设计法、序贯实验设计法等。各种实验设计方法的目的和出发点不同，因此，在实验设计时，应根据研究对象的具体情况决定采用哪一种方法。

在生产过程和科学研究中，对实验指标有影响的条件，通常称为因素。有一类因素，在实验中可以人为地加以调节和控制，叫作可控因素。例如，混凝实验中的投药量和 pH 值是可以人为控制的，属于可控因素。另一类因素，由于技术、设备和自然条件的限制，暂时还不能人为控制，叫作不可控因素。例如，从对沉淀效率的影响来说，气温、风是不可控因素。实验设计一般只适用于可控因素。下面说到的因素，凡没有特别说明的，都是可控因素。在实验中，影响因素通常不止一个，但我们往往不会对所有的因素都加以考察。有的因素在长期实践中已经比较清楚，可暂时不考察，将其固定在某一状态上，只考察一个因素，这种考察一个因素的实验，叫作单因素实验。考察两个因素的实验叫作双因素实验。考察两个以上因素的实验叫作多因素实验。

在实验设计中为了衡量实验效果好坏所采用的标准称为实验指标（简称指标）。例如，在进行地面水的混凝实验时，为了确定最佳投药量和最佳 pH 值，选择浊度作为评定和比较各次实验效果好坏的标准，即浊度是混凝实验的指标。

本书主要介绍正交实验设计法。

第二节　实验方案设计步骤

一、明确实验目的，确定实验指标

研究对象需要解决的问题，一般不止一个。例如，在进行混凝效果的研究时，要解决的问题有最佳投药量、最佳 pH 值和水流速度梯度问题。我们不可能通过一次实验把所有问题都解决，因此实验前应首先确定这次实验的目的究竟是解决哪一个或哪几个主要问题，然后确定相应的实验指标。

二、挑选因素

在明确实验目的和确定实验指标后，要分析研究影响实验指标的因素，从所有的影响因素中排除那些影响不大，或者已经掌握的因素，让它们固定在某一状态上，挑选那些对实验指标可能有较大影响的因素来进行考察。

三、选定实验设计方法

因素选定后，可根据研究对象的具体情况决定选用哪一种实验设计方法。例如，对于单因素问题，应选用单因素实验设计法；对于有 3 个及以上因素的问题，可选用正交实验设计法。

选定实验设计方法后，便可以安排实验点位，开展具体的实验工作。

第三节　正交实验设计法

在水处理生产和科学研究中，为了研制水处理药剂、改进原有的或开发新的水处理工艺技术，要考察的因素是多方面的，且各个因素又有不同的状态，它们往往互相交织、错综复杂。要解决这类问题，常常需要做大量实验。如何安排多因素实验，是一个重要的问题。实验安排得好，既可减少实验次数、缩短实验时间，又能得到较好的实验结果。例如，某工业废水欲采用厌氧消化处理，经过分析研究后，决定考察 3 个因素（如温度、时间、负荷率），而每个因素又可能有 3 种不同的状态（如温度因素有 25 ℃、30 ℃、35 ℃ 3 个水平），它们之间可能有 3^3=27 种不同的组合，也就是说，要经过 27 次实验后才能知道哪一种组合最好。显然，这种全面进行实验的方法，不仅费时费钱，有时甚至是不可能的。对于这样一个问题，如果我们采用正交实验设计法安排实验，只要经过 9 次实验便能得到满意的结果。对于多因素问题，采用正交实验设计法可以达到事半功倍的效果，这是因为我们可以通过正交设计合理地挑选和安排实验点位，较好地解决多因素实验中的两个突出问题：①全面实验的次数与实际可行的实验次数之间的矛盾；②实际所做的少数实验与要求掌握事物的内在规律之间的矛盾。

一、正交实验设计法的工具——正交表

正交实验设计法是一种研究多因素实验问题的数学方法。它一般使用正交表这一工具从所有可能的实验搭配中挑选出若干个必需的实验，然后用统计分析方法对实验结果进行综合处理，从而得出结果。下面先介绍两个有关的概念。

1. 水平

因素变化的各种状态叫作因素的水平。某个因素在实验中需要考虑它的几种状态，就称之为几水平的因素。因素在实验中所处状态（即水平）的变化，可能引起指标发生变化。例如，对原水进行直接过滤实验中要考察 4 个因素：混凝剂投加量、滤速、混合时间和混合速度梯度。滤速因素选择 6 m/h、8 m/h、10 m/h 3 种状态，这里的 6 m/h、8 m/h、10 m/h 就是滤速因素的 3 个水平。

因素的水平有的能用数量表示（如温度），有的则不能用数量表示。例如，采用不同的混凝剂进行印染废水脱色实验时，要研究哪种混凝剂较好，这里的各种混凝剂就表示混凝剂这个因素的各个水平，不能用数量表示。凡是不能用数量表示水平的因素叫作定性因素。在多因素实验中，有时会遇到定性因素。凡是用数量表示水平的因素叫作定量因素。在多因素实验中，经常会遇到定量因素。对于定性因素，只要对每个水平规定具体含义，就可与定量因素一样对待。

2. 正交表

用正交实验设计法安排实验都要用正交表。它是正交实验设计法中合理安排实验，以及对数据进行统计分析的工具。正交表都以统一形式的记号来表示。如表 3-1 中的 $L_4(2^3)$，字母“L”代表正交表，右下角的数字“4”表示正交表有 4 行，即要安排 4 次实验，括号内的指数“3”表示表中有 3 列，即最多可以安排 3 个因素，括号内的底数“2”表示表中每列有 1、2 两种数据，即安排实验时，被考察的因素有 2 个水平 1 与 2，称为 1 水平与 2 水平。

表 3-1　$L_4(2^3)$正交表

实验号	列号		
	1	2	3
1	1	1	1
2	1	2	2
3	2	1	2
4	2	2	1

如果被考察的各因素的水平不同，应采用混合型正交表，其表示方式略有不同。如 $L_8(4\times2^4)$表示正交表有 8 行，即要安排 8 次实验，有 5 列，即最多可以安排 5 个因素；括号内的第一项“4”表示被考察的第 1 个因素有 4 个水平，在正交表中位于第 1 列，这一列由 1、2、3、4 四种数据组成；括号内第二项的指数“4”表示另外还有 4 个被考察的因素，底数“2”表示后 4 个因素有 2 个水平，即后 4 列由 1、2 两种数据组成。用 $L_8(4\times2^4)$安排实验时，最

多可以考察一个五因素问题，其中 1 个为 4 水平因素，另外 4 个为 2 水平因素，共要做 8 次实验。

二、正交实验设计法安排多因素实验的步骤

怎样利用正交表来安排与分析多因素实验呢？下面通过具体实例来说明。

实验选用 3 种混凝剂对某工业生产废水进行絮凝预处理以降低 COD 浓度，它们分别是：聚合氯化铝（PAC），溶液质量分数为 8%（以氧化铝量计算）；聚合硫酸铁（PFS），溶液质量分数为 10%（以铁量计算）；聚丙烯酰胺（PAM），溶液质量分数为 1%。

1. 明确实验目的，确定评价指标

根据水处理工程实践，明确本次实验要解决的问题，同时结合工程实际选用能定量、定性表达的突出指标作为实验分析的评价指标。指标可能有一个，也可能有几个。本实验是为了找出最佳混凝剂用量以及最佳反应条件。

2. 挑选因素

影响实验结果的因素有很多，但是我们不会对每个因素都进行考察。例如，对于不可控因素，由于无法测定因素的数值，因而看不出不同水平的差别，也就难以判断该因素的作用，所以不能列为被考察的因素。对于可控因素，则应挑选那些对指标可能影响较大，但又没有把握的因素来进行考察，特别注意不能把重要因素固定在某一状态上不进行考察。

本实验中混凝剂 PFS、PAC 及 PAM 的用量及 pH 值对混凝效果的影响较大，取上述 4 个因素为正交实验的考察因素。

3. 确定各因素的水平

因素的水平分为定性与定量两种，水平的确定包括两个含义，即水平个数的确定和各个水平数量的确定。对于定性因素，要根据实验具体内容赋予该因素每个水平以具体含义，如药剂种类、操作方式或药剂投加次序等；定量因素的量大多是连续变化的，这就要求我们首先根据有关知识、经验及文献资料等确定该因素数量的变化范围，而后根据实验的目的及性质并结合正交表的选用确定因素的水平数和各水平的取值。每个因素的水平数可以相等也可以不等，重要因素或特别希望详细了解的因素，其水平可多一些，其他因素的水平可少一些。

针对本实验，经分析后决定对混凝剂 PFS、PAC 及 PAM 的用量及 pH 值 4 个因素进行考察，初步确定各因素均有 4 个水平，并设定每个水平的数值，此时可以列出因素水平表。在 1 000 mL 废水中投加的混凝剂 PFS、PAC 及 PAM 的用量及 pH 值如表 3-2 所示。

表 3-2 混凝实验因素水平表

水平	因素			
	pH 值	PAC 投加量/mL	PFS 投加量/mL	PAM 投加量/mL
1	7.5	3	1.5	0.5
2	8	3.5	2	1
3	8.5	4	2.5	1.5
4	9	4.5	3	2

4. 选用正交表

常用的正交表有几十个，究竟选用哪个正交表，需要综合分析后确定，一般根据因素和水平的多少、实验工作量的大小和允许条件而定。实际安排实验时，挑选因素、水平和选用正交表等步骤有时是结合进行的。本实验中，根据实验目的，选好 4 个因素，如果每个因素取 4 个水平，则需用 $L_{16}(4^4)$正交表，要做 16 次实验。但是由于时间和经费的原因，希望减少实验次数，因此改为每个因素 3 个水平，则改用 $L_9(3^4)$正交表，做 9 次实验就够了。

5. 确定实验方案

根据已定的因素、水平及所选用的正交表，得到正交实验方案，见表 3-3。

表 3-3　混凝实验正交实验方案表 $L_9(3^4)$

实验号	因素			
	pH 值	PAC 投加量/mL	PFS 投加量/mL	PAM 投加量/mL
1	7.5	3	1.5	0.5
2	7.5	3.5	2	1
3	7.5	4	2.5	1.5
4	8	3	2	1.5
5	8	3.5	2.5	0.5
6	8	4	1.5	1
7	8.5	3	2.5	1
8	8.5	3.5	1.5	1.5
9	8.5	4	2	0.5

6. 实验结果分析

将实验结果填入表 3-4 中，进行正交实验结果分析。

表 3-4　正交实验结果分析表

实验号	因素				评价指标
	pH 值	PAC 投加量/mL	PFS 投加量/mL	PAM 投加量/mL	COD 去除率/%
1	7.5	3	1.5	0.5	65
2	7.5	3.5	2	1	70
3	7.5	4	2.5	1.5	67
4	8	3	2	1.5	80
5	8	3.5	2.5	0.5	70
6	8	4	1.5	1	72
7	8.5	3	2.5	1	82
8	8.5	3.5	1.5	1.5	85
9	8.5	4	2	0.5	75
k_1	67.3	75.6	74.0	70.0	

续表

实验号	因素				评价指标
	pH 值	PAC 投加量/mL	PFS 投加量/mL	PAM 投加量/mL	COD 去除率/%
k_2	72.3	75.0	75.0	74.6	
k_3	80.6	71.3	73.0	77.3	
极差	13.3	4.3	2.0	7.3	
最佳方案	A_3	B_1	C_2	D_3	

注:A、B、C、D 分别表示 pH 值、PAC 投加量、PFS 投加量、PAM 投加量;A_3 表示因素 A 的第三个水平,B_1 表示因素 B 的第一个水平,C_2 表示因素 C 的第二个水平,D_3 表示因素 D 的第三个水平。

以表 3-4 为例进行分析,结论如下。

k_1 这一行分别是因素 A、B、C、D 的 1 水平所在实验对应的去除率的算术平均值。

k_2 这一行分别是因素 A、B、C、D 的 2 水平所在实验对应的去除率的算术平均值。

k_3 这一行分别是因素 A、B、C、D 的 3 水平所在实验对应的去除率的算术平均值。

极差是同一列中 k_1、k_2、k_3 这 3 个数中的最大者减去最小者所得的差。极差越大,说明这个因素的水平改变对实验结果的影响越大。极差最大的那一列因素,就是我们要考虑的主要因素。

通过分析可以得出:各因素对实验结果(COD 去除率)的影响按大小次序应当是 A(pH 值)、D(PAM 投加量)、B(PAC 投加量)、C(PFS 投加量),最好的方案应该是 $A_3B_1C_2D_3$。与此结果比较接近的是第 8 号实验。为了最终确定上面找出的实验方案是不是最好的,可以按照这个方案再实验一次,并同第 8 号实验对比,取结果较佳的方案。

第四章　水处理的物理和物理化学方法实验

实验一　颗粒自由沉淀实验

颗粒自由沉淀实验用于研究浓度较低时单颗粒的沉淀规律。一般通过沉淀柱静沉实验,获取颗粒自由沉淀曲线。它不仅具有理论指导意义,而且是给水排水工程中设计某些构筑物(如给水与污水的沉砂池)的重要依据。

一、实验目的

(1)研究浓度较低时单颗粒的沉淀规律,加深对沉淀特点及相关概念的理解。

(2)掌握颗粒自由沉淀实验的方法,且能分析、整理实验数据,计算和绘制颗粒自由沉淀曲线。

二、实验原理

浓度较低时颗粒的沉淀属于自由沉淀,其特点是在静沉过程中颗粒互不干扰、等速下降,其沉速在层流区符合斯托克斯(Stocks)公式。但是由于水中颗粒的复杂性,颗粒粒径、颗粒相对密度很难或无法准确地测定,因而沉降效果、特性无法通过公式求得,只能通过静沉实验确定。

由于自由沉淀时颗粒是等速下沉的,下沉速度与沉淀高度无关,因而自由沉淀可在一般沉淀柱内进行,但其直径应足够大,一般 $D \geqslant 100$ mm,以免颗粒沉淀受柱壁干扰。

由不同大小颗粒组成的悬浮物的静沉总去除率(简称去除率,用 η 表示)与理想沉淀池截留沉速(u_0)、颗粒质量百分数的关系如下:

$$\eta = (1-P_0) + \int_0^{P_0} \frac{u_s}{u_0} \mathrm{d}P \tag{4-1}$$

式中　η——去除率;

u_0——理想沉淀池截留沉速;

P_0——所有沉速小于 u_0 的颗粒质量占原水中全部颗粒质量的百分数;

u_s——小于截留沉速的颗粒沉速。

此种计算方法也称为悬浮物去除率的累积曲线计算方法。

设在一个水深为 H 的沉淀柱内进行自由沉淀实验(图 4-1)。实验开始时,沉淀时间为 0,此时沉淀柱内悬浮物分布是均匀的,即每个断面上颗粒的数量与粒径的组成相同,悬浮物浓度为 c_0(mg/L),此时去除率 η =0。

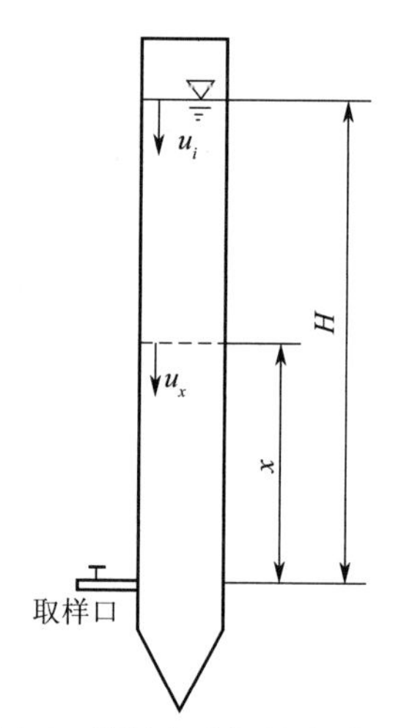

图 4-1　颗粒自由沉淀实验示意

实验开始后，不同沉淀时间 t_i 对应的颗粒沉速 u_i 为

$$u_i = \frac{H}{t_i} \tag{4-2}$$

式中　u_i——颗粒沉速，mm/s；

H——取样口至水面高度，mm；

t_i——沉淀时间，s。

u_i 即为在沉淀时间 t_i 内从水面下沉到柱底（此处为取样点）的颗粒所具有的沉速。此时取样点处水样悬浮物浓度为 c_i，未被去除的颗粒所占的百分比为

$$P_i = \frac{c_i}{c_0} \times 100\% \tag{4-3}$$

式中　P_i——悬浮颗粒剩余率；

c_0——原水（0 时刻）悬浮颗粒浓度，mg/L；

c_i——t_i 时刻悬浮颗粒浓度，mg/L。

此时被去除的颗粒所占的百分比为

$$\eta_i = 1 - P_i = 1 - \frac{c_i}{c_0} \times 100\% \tag{4-4}$$

式中　η_i——悬浮颗粒去除率；

P_i、c_0、c_i——同上。

实际上，在沉淀时间 t_i 内，由水面下沉至柱底的颗粒是由两部分组成的，即沉速 $u_s \geqslant u_i$ 的颗粒和沉速 $u_s<u_i$ 的部分颗粒。沉速 $u_s \geqslant u_i$ 的颗粒能全部沉至柱底。除此之外，沉速 $u_s<u_i$ 的部分颗粒，因为初始时刻均匀地分布在整个沉淀柱高度内，只要它们下沉至柱底所用的时间小于或等于 t_i，也可以沉淀到柱底而被除去。

为了计算出这部分颗粒的总量，我们可以绘制 u-P 关系曲线（图 4-2），其横坐标为颗粒沉速 u，纵坐标为悬浮颗粒剩余率 P。由图 4-2 可知

$$\Delta P = P_1 - P_2 = \frac{c_1}{c_0} \times 100\% - \frac{c_2}{c_0} \times 100\% = \frac{c_1 - c_2}{c_0} \times 100\%$$

其中 ΔP 是当选择的颗粒沉速从 u_1 降至 u_2 时水中能多去除的那部分颗粒的去除率。

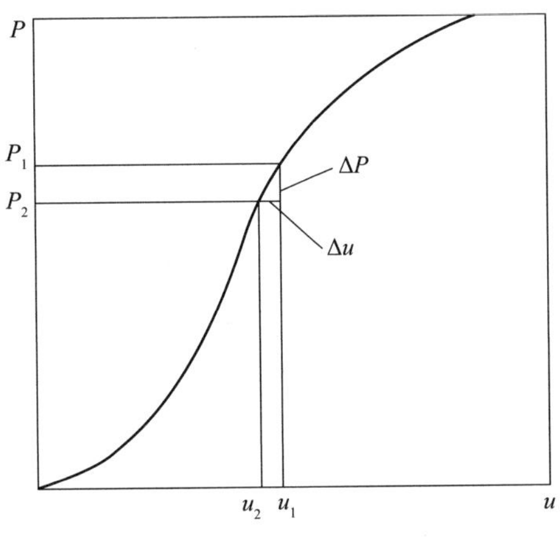

图 4-2　*u-P* 关系曲线

由于颗粒均匀分布，又为等速沉淀，故沉速 $u_x<u_i$ 的颗粒只有在 x 水深以内才能沉到柱底。因此，能沉至柱底的这部分颗粒占柱内该粒径全部颗粒总量的比例为 $\frac{x}{H}$，如图 4-1 所示，而

$$\frac{x}{H}=\frac{u_x}{u_i}$$

此即为同一粒径颗粒的去除率。取 $u_0=u_i$，且为设计选用的颗粒沉速（又称截留沉速），$u_s=u_x$，则有

$$\frac{u_x}{u_i}=\frac{u_s}{u_0}$$

由上述分析可知，dP_s 反映了沉速为 u_s 的颗粒占全部颗粒的百分比，而 $\frac{u_s}{u_0}$ 则反映了在设计沉速为 u_0 的前提下，沉速为 u_s（$<u_0$）的颗粒去除量占全部颗粒总量的比例。故 $\frac{u_s}{u_0}dP$ 反映了在设计沉速为 u_0 时，沉速为 u_s 的颗粒能被去除的部分占全部颗粒的比例。利用积分求解这部分 $u_s<u_0$ 的颗粒的去除率，则为 $\int_0^{P_0}\frac{u_s}{u_0}dP$，故颗粒的去除率为

$$\eta=(1-P_0)+\int_0^{P_0}\frac{u_s}{u_0}dP$$

工程上常用下式计算：

$$\eta=(1-P_0)+\frac{\sum(u_s\cdot\Delta P)}{u_0} \tag{4-5}$$

三、实验器材

（1）有机玻璃沉淀柱一根，直径 D=100 mm，柱高 2 m；设置取样口两个，分别位于沉淀柱中部和下部。

（2）测量沉淀高度用标尺、计时器或秒表。

（3）玻璃漏斗、锥形瓶、取样烧杯、玻璃棒等。

（4）电子天平。

（5）烘箱。

（6）定量滤纸（在 105 ℃下烘到恒重）。

四、实验步骤

（1）取编好号的已烘干定量滤纸，称重并记录。

（2）向沉淀柱内注入原水，保持其充分混合状态，注至溢流口位置后，立即开始计时。

（3）当沉淀时间为 0、5、10、20、30、60、120 min 时，由取样口取 100 mL 水样。取样前应适当排去取样口横管中的积水。

（4）每次取样后记录液面高度。

（5）将各个水样用称重后的定量滤纸过滤，并用蒸馏水洗净贴在玻璃管壁上的细小颗粒。

（6）将所有过滤好的定量滤纸烘干，称重，计算各取样时刻的悬浮物总量。

五、数据记录及处理

（1）沉淀柱直径 D=__________，柱高 H=______；水温____℃，原水中悬浮物浓度 c_0=______mg/L。

（2）将实验原始数据记录在表 4-1 中，整理后填写在表 4-2 中。

表 4-1 颗粒自由沉淀实验原始数据

沉淀时间/min	滤纸编号	滤纸质量/g	滤纸 +SS 质量/g	SS 质量/g	c_i/（mg/L）	沉淀高度/mm
0						
5						
10						
20						
30						
60						
120						

注：SS 表示悬浮物。

表 4-2 颗粒自由沉淀实验数据整理

沉淀高度/mm							
沉淀时间/min							
水样 SS 浓度/（mg/L）							
悬浮颗粒剩余率 P_i/%							
颗粒沉速 u_i/（mm/s）							

（3）以颗粒沉速 u 为横坐标，以 P 为纵坐标，在绘图纸上绘制 u-P 关系曲线。

（4）用图解法列表计算不同沉速时悬浮物的去除率。

（5）悬浮物去除率计算结果见表 4-3。

表 4-3　悬浮物去除率计算结果

序号	u_0	P_0	$1-P_0$	ΔP	$\frac{\sum(u_s \cdot \Delta P)}{u_0}$	$\eta=(1-P_0)+\frac{\sum(u_s \cdot \Delta P)}{u_0}$

六、思考题

（1）自由沉淀中的颗粒沉速与絮凝沉淀中的颗粒沉速有何区别？

（2）简述绘制颗粒自由沉淀曲线的方法及意义。

（3）从不同高度的取样口取样，绘制出的沉淀曲线是否一样？为什么？

实验二　混凝实验

混凝实验是给水处理的基础实验之一，被广泛地用于科研、教学和生产中。胶体颗粒与分散介质水分子发生作用，使胶体颗粒周围形成一层水分子有规律地定向排列的水化层。当两个胶体颗粒靠近时，水化层中的水分子被挤压变形而产生弹力，阻碍两个胶体颗粒进一步靠近，使胶体颗粒保持分散状态而稳定。

一、实验目的

（1）观察矾花的形成过程及混凝沉淀效果，加深对混凝机理的理解。

（2）学会确定某浑浊水样最佳混凝剂及投药量的方法。

二、实验原理

天然水中存在大量胶体颗粒，这是导致水浑浊的一个重要原因。胶体颗粒靠自然沉淀是不能除去的。

水中的胶体颗粒主要是带负电的黏土颗粒。胶粒间的静电斥力、胶粒的布朗运动及胶粒表面的水化作用，使得胶粒具有分散稳定性，三者中静电斥力的影响最大。向水中投加混凝剂能提供大量的正离子，压缩胶团的扩散层，使 ζ 电位降低，静电斥力减小。此时，布朗运动由稳定因素转变为不稳定因素，也有利于胶粒的吸附凝聚。通过混凝实验，不仅可以对投加药剂的种类、浓度进行比选，还可以对混凝反应的其他条件进行优化。有些水化膜的存在取决于双电层状态，投加混凝剂降低 ζ 电位，有可能使水化作用减弱。混凝剂水解后形成的高分子物质或直接加入水中的高分子物质一般具有链状结构，在胶粒与胶粒间起吸附架桥作用，即使 ζ 电位没有降低或降低不多，由于胶粒不能互相接触，通过高分子链状物吸附胶粒也能形成絮状体。

消除胶体颗粒稳定因素或降低胶体颗粒稳定性的过程叫作脱稳。脱稳后的胶粒，在一定的水力条件下，才能形成较大的絮凝体，俗称矾花。直径较大且密实的矾花容易下沉。

自投加混凝剂至形成较大矾花的过程叫作混凝。混凝过程见表 4-4。

表 4-4　混凝过程

阶段	凝聚				絮凝
过程	混合	脱稳		异向絮凝为主	同向絮凝为主
作用	药剂扩散	混凝剂水解	杂质胶体脱稳	脱稳胶体聚集	微絮凝体进一步碰撞聚集
动力	质量迁移	溶解平衡	各种脱稳机理	分子热运动（布朗扩散）	液体流动的能量消耗
处理构筑物	混合设备				反应设备
胶体状态	原始胶体	脱稳胶体		微絮凝体	矾花
胶体粒径	0.1~0.001 μm	5~10 μm			0.5~2 mm

由布朗运动造成的颗粒碰撞絮凝，叫作异向絮凝；由机械运动或流体流动造成的颗粒碰

撞絮凝，叫作同向絮凝。异向絮凝只对微小颗粒起作用，当粒径大于 5 μm 时，布朗运动基本消失。

从胶体颗粒变成较大的矾花是一个连续的过程，为了研究方便可划分为混合和反应两个阶段。混合阶段要求原水和混凝剂快速均匀混合，一般来说，该阶段只能产生用肉眼难以看见的微絮体；反应阶段则要求微絮体形成较密实的大粒径矾花。

混合阶段要求原水与混凝剂快速均匀混合，所以搅拌强度要大，但搅拌时间要短。该阶段的主要作用是使胶体脱稳，形成细小矾花（一般用眼睛难以看见）。反应阶段要求细小矾花进一步增大，形成较密实的大矾花，所以搅拌强度不能太大，否则易打碎矾花，但反应时间要长，要为矾花的增大提供足够的时间。

混凝过程是一个复杂的物理化学过程，因而影响混凝效果的因素较多，包括原水浊度及温度、反应 pH 值、混凝剂种类及投加量、助凝剂、水力条件、混凝时间等。

三、实验器材及试剂

（1）定时六联变速搅拌器（以下简称六联搅拌器）。
（2）GDS-3B 型光电式浑浊度仪。
（3）pHS-2 型酸度计。
（4）1 000 mL 烧杯。
（5）1 000 mL 量筒。
（6）50 mL 烧杯。
（7）1 mL 移液管。
（8）2 mL 移液管。
（9）5 mL 移液管。
（10）50 mL 注射器。
（11）洗耳球。
（12）温度计。
（13）洗瓶。
（14）1% 硫酸铝溶液、1% 三氯化铁溶液、0.01% 聚丙烯酰胺溶液。

四、实验步骤

（1）测量原水温度、pH 值、浊度。

（2）向 6 个 1 000 mL 烧杯中分别注入 1 000 mL 水样，并编号；将六联搅拌器的搅拌桨垂直提起，把烧杯放在对应位置，再降下搅拌桨，使桨杆位于烧杯中心位置。

（3）按编号由小到大的顺序在加药管中依次注入 1% 硫酸铝溶液作为混凝剂，加药量分别为 0.1、0.5、1.0、2.0、3.0、5.0 mL。

（4）启动六联搅拌器，待转速稳定在 300 r/min 后，旋转加药管旋钮，将 6 个位置的药剂同时加入烧杯中，并计时。投药后连续运行。

（5）调节六联搅拌器转速与时间，依次为：①300 r/min，30 s；②100 r/min，10 min；③50 r/min，10 min。

（6）在搅拌过程中观察矾花的形成过程，记录各个烧杯形成矾花的顺序、矾花大小及疏密程度。

（7）搅拌结束后，轻轻提起搅拌桨，不要扰动水样，静置沉淀 10 min，并观察矾花沉淀情况。

（8）沉淀结束后，用注射器分别抽取每个水样上清液约 50 mL，置于 6 个 50 mL 烧杯中，测定 pH 值及浊度。

（9）使用 1% 三氯化铁溶液做混凝剂，重复实验。

（10）根据混凝效果，可酌情投加助凝剂聚丙烯酰胺溶液，并相应调整搅拌时间。

五、数据记录及处理

（1）原水温度 _____，原水浊度 _____，混凝剂种类 ____________，混凝剂浓度 _____，沉淀时间 ________。

（2）搅拌条件（表 4-5）。

表 4-5 搅拌条件

快速搅拌	30 s	300 r/min
中速搅拌	10 min	100 r/min
慢速搅拌	10 min	50 r/min

（3）现象描述（表 4-6）。

表 4-6 混凝实验记录

水样编号		1#	2#	3#	4#	5#	6#
投加量	mL						
	mg/L						
矾花沉淀描述（用文字描述矾花多少及形态）							
矾花出现顺序							
剩余浊度							

（4）在坐标纸上，以混凝剂投加量（mg/L）为横坐标、剩余浊度为纵坐标作混凝剂投加量与剩余浊度关系图。

六、思考题

（1）根据本实验结果及实验中观察到的现象，简述影响混凝效果的主要因素。

（2）根据本实验结果，能否断言混凝剂投加量越大，水样剩余浊度越低？

（3）分析烧杯实验与澄清池实际运行方式的异同点。

实验三　过滤实验

过滤工艺被广泛地应用在给水和工业废水处理中。通过过滤实验,不仅可以了解过滤工艺流程、运行参数及影响因素,还可以研究滤料级配、材质,过滤运行最佳条件等。

一、实验目的

(1)掌握过滤实验方法。

(2)通过对反冲洗现象的观察,加深对滤料水力筛分现象以及滤料膨胀率与反冲洗强度概念的理解。

二、实验原理

过滤是为了去除那些用混凝沉淀方法不能去除的细小颗粒,它是通过筛滤、沉淀、接触絮凝共同作用而实现的。

滤料层去除水中杂质的效果主要取决于滤料的总面积。滤速大小、滤料颗粒的大小和形状、进水中悬浮物含量及截留杂质在垂直方向的分布决定了滤料层的水头损失。虽然有不少方程描述过滤过程水头损失的规律,但是由于进水水质、水温,滤速,滤料粒径、形状、级配以及凝聚微粒强度等因素的影响,关系复杂,在应用上始终没有成效。模型试验目前依然是行之有效的手段,可以为设计提供各项参数。

滤料层在反冲洗时,如果膨胀率一定,则滤料颗粒越大,所需反冲洗强度越大;水温越高,所需反冲洗强度也越大。反冲洗开始时,承托层、滤料层尚未完全膨胀,相当于滤池处于反向过滤状态;当反冲洗强度增大后,滤料层完全膨胀,处于流态化状态。

三、实验器材及试剂

(1)滤池模型。

(2)光电浊度仪。

(3)50 mL 取样烧杯。

(4)盒尺。

(5)秒表。

(6)温度计。

(7)10% 氯化铁溶液。

四、实验步骤

(一)反冲洗强度与滤料层膨胀率关系实验

(1)量取滤料层厚度,开启反冲洗阀门,调节反冲洗流量,取 5~6 个膨胀高度。

(2)记录相应的滤料层膨胀高度和对应的反冲洗流量。

(3)测量原水温度,关闭反冲洗阀门。

（二）过滤实验

（1）开启出水阀门，使水面降至距离砂面 10~20 cm，关闭出水阀门。

（2）开启进水阀门，放入原水接近溢流口，测量原水浊度和温度。

（3）调节进水流量为 45 L/h，运行 1 min 后，取出水测量浊度并计时。

（4）从计时开始，连续运行 25 min，每 5 min 取出水测量浊度 1 次。

（5）调节进水流量为 90 L/h，运行 1 min 后，取出水测量浊度并计时。

（6）从计时开始，连续运行 25 min，每 5 min 取出水测量浊度 1 次。

（7）完成后，关闭出水阀门与进水阀门。

（三）投加混凝剂后的过滤实验

在原水箱中投加适量 10% 氯化铁溶液作为混凝剂，待矾花形成后重复实验。

（1）选取适当的反冲洗流量，反冲洗滤料层。

（2）按第（二）项的步骤（1）~（7）重复进行实验。

五、数据记录及处理

（1）反冲洗强度与滤料层膨胀率关系实验（表 4-7）。

原水温度 ________，浊度 __________；滤池模型内径 ________，高度 __________；滤料层厚度 ______________。

表 4-7 反冲洗强度与滤料层膨胀率关系实验记录

反冲洗流量/（L/min）						
滤池面积/m^2						
反冲洗强度/（L/（m^2·s））						
滤料层厚度/mm						
膨胀高度 /mm						
膨胀率/%						

（2）过滤实验（表 4-8）。

原水温度 _________，原水浊度 _____________。

表 4-8 过滤实验记录

流量/（L/h）	滤速/（m/h）	历时/min	出水浊度
45		0	
		5	
		10	
		15	
		20	
		25	

续表

流量/(L/h)	滤速/(m/h)	历时/min	出水浊度
90		0	
		5	
		10	
		15	
		20	
		25	

(3)加药过滤实验(表4-9)。

混凝剂种类 10%氯化铁溶液,混凝剂投加量______mg/L。

表4-9　加药过滤实验记录

流量/(L/h)	滤速/(m/h)	历时/min	出水浊度
45		0	
		5	
		10	
		15	
		20	
		25	
90		0	
		5	
		10	
		15	
		20	
		25	

六、思考题

(1)滤料层中有气泡时,对过滤、冲洗有什么影响?

(2)反冲洗强度为何不宜过大?

(3)当原水浊度一定时,采取哪些措施可以降低初滤水的出水浊度?

实验四　活性炭吸附实验

活性炭吸附是目前国内外应用较多的一种水处理工艺。由于活性炭种类多，可去除物质复杂，因此掌握活性炭吸附工艺方法和相关参数非常重要。

一、实验目的

（1）掌握活性炭吸附的实验方法。
（2）掌握吸附等温式的表示方法。

二、实验原理

活性炭吸附是利用活性炭表面对水中污染物的吸附作用，将污染物从水中去除，从而达到水质净化的目的。由于活性炭对水中大部分污染物都有较好的吸附作用，因此将活性炭吸附应用于水处理时，往往具有出水水质稳定、适用性强等优点。活性炭吸附常常用来处理某些工业污水，在一些特殊情况下也用于给水处理中。

吸附过程通常以实验数据为依据，用弗罗因德利克（Freundlich）方程表示：

$$q=\frac{x}{m}=kc^{\frac{1}{n}}$$

式中　q——吸附量，mg/g；
x——被吸附物的质量，g，$x=v(c_0-c)$；
m——吸附剂的质量，g；
c——被吸附物的平衡浓度，g/L；
k、n——常数，与温度、吸附剂的性质和被吸附物的性质有关。

将上式改为对数形式：

$$\lg q=\lg k+\frac{1}{n}\lg c$$

对特定的吸附剂和特定的被吸附物，在相同的实验条件下得到相应的 q、c，把 c 与其对应的 q 点在双对数坐标纸上得到一条直线，此直线斜率为 $\frac{1}{n}$，截距为 k，此线为弗罗因德利克吸附等温线。

三、实验器材

（1）定温可调速振荡器。
（2）COD 快速测定仪。
（3）万分之一天平。
（4）722N 型可见分光光度计。
（5）锥形瓶、移液管。
（6）活性炭（在 105 ℃下烘干）。

四、实验步骤

(1)测定原水 COD 初始浓度、温度和 pH 值。

(2)用万分之一天平称取 0、20、50、100、150、200 mg 活性炭，置于已编号的 250 mL 锥形瓶中。

(3)向各锥形瓶中加 100 mL 原水。

(4)将各锥形瓶放在振荡器中振荡 30 min。

(5)过滤后用分光光度计测定吸附后水样的吸光度，并计算剩余 COD 浓度。

五、数据记录及处理

(1)被吸附物为 COD，pH=7，温度为 20 ℃，波长为 664 nm，c_0=20 mg/L。

(2)将活性炭吸附实验数据记录在表 4-10 中。

表 4-10　活性炭吸附实验记录

序号	水样体积/mL	活性炭质量/g	COD 初始浓度/(mg/L)	COD 平衡浓度/(mg/L)	被吸附物质量/mg	吸附量/(mg/g)
1						
2						
3						
4						
5						
6						

(3)计算并画出吸附等温线，拟合吸附等温式(表 4-11)。

表 4-11　吸附等温式计算

lg c					
lg q					

六、思考题

(1)吸附等温线有什么现实意义?

(2)作吸附等温线为什么要用活性炭粉而不用柱状活性炭?

实验五　离子交换除盐实验

离子交换软化法在水处理过程中有广泛的应用。强酸性阳离子交换树脂的使用也很普遍。通过离子交换除盐实验，可以掌握除盐装置的操作运行方法。

一、实验目的

（1）了解离子交换法除盐的实验装置。

（2）了解离子交换法除盐的工艺过程，加深对除盐机理的理解。

二、实验原理

当含有钙盐及镁盐的水通过装有阳离子交换树脂的交换柱时，水中的 Ca^{2+} 和 Mg^{2+} 便与树脂中的可交换离子（Na^{+} 或 H^{+}）发生交换，使水中的 Ca^{2+} 和 Mg^{2+} 含量降低或者全部去除，这个过程叫作水的软化。然后通过装有阴离子交换树脂的交换柱，使水中全部或者大部分的阴离子得到去除，从而达到脱除水中溶解性盐类、得到纯水的目的。

氢离子交换树脂失效后，可以用 HCl 或者 H_2SO_4 溶液再生；氢氧根离子交换树脂失效后，可以用 NaOH 溶液再生。离子交换的基本反应式如下。

1. 氢离子交换树脂（阳离子型）

交换过程：$RH+NaCl \rightarrow RNa+HCl$

再生过程：$RNa+HCl \rightarrow RH+NaCl$

2. 氢氧根离子交换树脂（阴离子型）

交换过程：$ROH+HCl \rightarrow RCl+H_2O$

再生过程：$RCl+NaOH \rightarrow ROH+NaCl$

三、实验器材及试剂

（1）除盐装置。

（2）电导率测定仪。

（3）NH_4Cl-NH_4OH 缓冲液（pH=10），铬黑 T 指示剂。

（4）再生液（5% HCl 溶液、5% NaOH 溶液）。

四、实验步骤

本实验中阴离子交换树脂已经再生并清洗完毕，可以直接使用；阳离子交换树脂由学生自行灌装、再生并清洗，使其达到使用要求。

（1）测量原水温度、pH 值、电导率。

（2）连接实验装置。按照再生→淋洗→除盐→反洗→再生的流程，在适当的地方安装螺旋止水夹和 T 形夹。之后在每个实验步骤前都需要注意打开或关闭相应的止水夹。

（3）灌装阳离子交换树脂。先向柱内加入约 50 mL 蒸馏水，轻轻振荡离子交换柱，将承托层内的空气赶出；然后向树脂中加入蒸馏水并摇匀，用漏斗注入交换柱内，使树脂坍落后高度位于标记线附近。

（4）再生阳离子交换树脂。用5%盐酸溶液，以5 L/h的流量再生，历时15 min。

（5）清洗阳离子交换树脂。将再生液液面降到高于树脂表面10 cm处，然后用原水正向淋洗阳离子交换柱，流速2.5 L/h，每隔1 min检查出水水质，直至合格（在pH=10条件下与铬黑T反应，呈蓝色为合格，呈紫红色为不合格）。

（6）除盐。待阳离子交换柱出水合格后，串联阴、阳两个离子交换柱，以5 L/h的流量进水，每隔3 min测出水电导率，取6个有效数据。

（7）反洗阳离子交换柱。用原水反洗阳离子交换柱数分钟，去除树脂层的气泡。

（8）再生阳离子交换树脂并清洗后，将进水流量变为7.5 L/h，重复实验，每隔3 min测出水电导率，取6个有效数据。

五、数据记录及处理

（1）原水：温度为 __________℃，电导率为 ___________mS/cm，pH=7。

阳离子交换柱：树脂型号为强碱201#，柱高_____cm，内径为2.5 cm，树脂厚_____cm。

阴离子交换柱：树脂型号为强酸D01#，柱高_____cm，内径为2.5 cm，树脂厚_____cm。

（2）将数据记录在表4-12中。

表4-12　离子交换除盐实验记录

历时/min	3	6	9	12	15	18
流量/（L/h）						
电导率/（mS/cm）						

（3）分别写出在阴、阳离子交换柱内发生的基本反应式（以普通自来水为原水，写主要的阴、阳离子）。

六、思考题

（1）进水流速对离子交换柱运行结果的影响有哪些？

（2）阴离子交换柱为何要设在阳离子交换柱之后？

（3）影响再生剂用量的因素有哪些？再生液浓度过高或过低有什么不利影响？

实验六　折点加氯消毒实验

氯消毒广泛应用于给水处理和污水处理。由于不少水源受到不同程度的污染，水中含有一定浓度的氨氮，掌握折点加氯消毒的原理及实验技术，对解决受污染水源的消毒问题很重要。

一、实验目的

（1）掌握折点加氯消毒的实验技术。

（2）通过实验，探讨某含氨氮水样在与不同氯量接触一定时间的情况下，水中游离性余氯、化合性余氯及总余氯与投氯量之间的关系。

二、实验原理

水中加氯的作用主要有以下三个方面。

（1）当水中不含氨氮时，向水中投加氯气或者漂白粉能够生成次氯酸（HOCl）和次氯酸根（OCl^-），反应式如下：

$$Cl_2+H_2O=HOCl+H^++Cl^-$$

$$Ca(OCl)_2+2H_2O=2HOCl+Ca(OH)_2$$

$$HOCl=H^++OCl^-$$

次氯酸和次氯酸根均具有消毒作用，前者消毒效果较好。HOCl 是中性分子，可以扩散到细菌内部，破坏细菌的酶系统，妨碍细菌的新陈代谢，从而导致细菌死亡。

水中的 HOCl 和 OCl^- 称为游离性氯。

（2）当水中含有氨氮时，加氯后生成次氯酸和氯胺，反应式如下：

$$NH_3+HOCl=NH_2Cl+H_2O$$

$$NH_2Cl+HOCl=NHCl_2+H_2O$$

$$NHCl_2+HOCl=NCl_3+H_2O$$

次氯酸和氯胺均有消毒作用，次氯酸、一氯胺（NH_2Cl）、二氯胺（$NHCl_2$）和三氯胺（NCl_3，又名三氯化氮）在水中均可能存在，它们在平衡状态下的含量取决于氨氮的相对浓度、pH 值和温度。

当 pH=7~8 时，1 mol 氯与 1 mol 氨氮作用生成 1 mol 一氯胺，氯与氨氮（以 N 计）的质量比约为 5∶1。

当 pH=7~8 时，2 mol 氯与 1 mol 氨氮作用生成 1 mol 二氯胺，氯与氨氮（以 N 计）的质量比约为 10∶1。

当 pH=7~8 时，3 mol 氯与 1 mol 氨氮作用生成 1 mol 三氯胺，氯与氨氮（以 N 计）的质量比大于 10∶1，并出现游离氯；同时随着投氯量的不断增大，水中游离氯越来越多。

水中有氯胺时，依靠水解生成次氯酸起消毒作用，只有当水中的 HOCl 因消毒或其他原因消耗后，反应才会向左移，继续生成 HOCl。因此当水中余氯主要是氯胺时，消毒作用比较缓慢。氯胺消毒的接触时间不应短于 2 h。

水中的 NH_2Cl、$NHCl_2$、NCl_3 称为化合性氯。化合性氯的消毒效果不如游离性氯。

（3）氯还能与水中的含碳物质、铁、锰、硫化氢及藻类发生氧化反应。

水中含有氨氮和其他消耗氯的物质时，投氯量与余氯量的关系参见折点加氯曲线（图 4-3）。

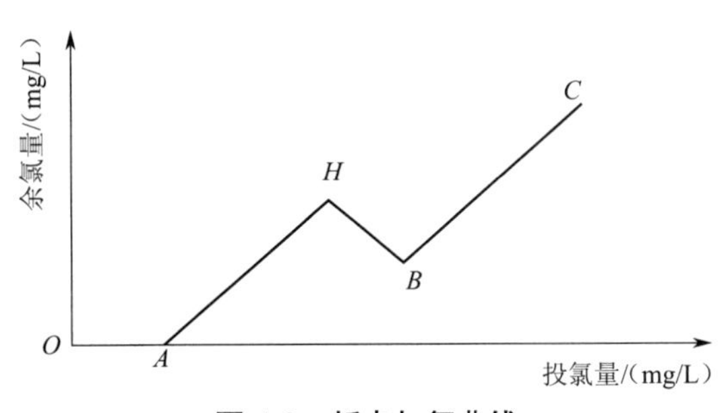

图 4-3　折点加氯曲线

OA 段，投氯量太小，氯完全被消耗，余氯量为 0。

AH 段，余氯主要为一氯胺。

HB 段，一氯胺与次氯酸作用，部分生成二氯胺，部分发生下面的反应：

$$2NH_2Cl+HOCl = N_2\uparrow +3HCl+H_2O$$

结果使部分一氯胺被氧化成不起消毒作用的 HCl，导致余氯量逐渐减小，直到最低点 *B*，余氯量最小，*B* 点成为折点。

BC 段，继续加氯，出现三氯胺和游离氯，随着投氯量的增大，游离性余氯越来越多。

按大于折点的量来投加氯称为折点加氯，其有两个优点：一是可以去除水中大多数产生臭味的物质；二是有游离性余氯，消毒效果好。

三、实验器材

（1）1 000 mL 烧杯。

（2）50 mL 及 100 mL 比色管。

（3）1 mL、2 mL、5 mL 移液管。

（4）1 000 mL 量筒。

（5）温度计。

（6）原水桶。

四、实验步骤

1. 药剂制备

（1）制备 1% 氨氮溶液 100 mL。称取 3.819 g 干燥过的无水氯化铵，溶于不含氨的蒸馏水中，稀释至 100 mL，其氨氮浓度为 1%，即 10 g/L。

（2）制备 1% 漂白粉溶液 500 mL。称取漂白粉 5 g，溶于 100 mL 蒸馏水中调成糊状，然后稀释至 500 mL 即得。其有效氯含量约为 2.5 g/L。

2. 水样制备

先向原水桶中加入 20 L 自来水，然后加入 2 mL 1% 氨氮溶液，搅拌均匀，即为实验用原水，其氨氮含量约为 1 mg/L。测量并记录原水温度及氨氮含量。

3. 进行折点加氯实验

（1）用量筒量取 1 000 mL 原水，分别置于 12 个烧杯中，并编号 1 至 12。

（2）向 12 个盛有原水的烧杯中依次投加 1% 漂白粉溶液，其投加量分别为 1、2、4、6、8、9、10、12、14、16、18、20 mL，快速混匀 2 h，然后立即测量各烧杯中水样的游离氯、化合氯及总氯的量。余氯的测量方法采用邻联甲苯胺 - 亚砷酸盐比色法。

4. 邻联甲苯胺 - 亚砷酸盐比色法测定余氯

（1）取 100 mL 比色管 3 支，分别编号甲、乙、丙。

（2）从 1 号烧杯中吸取 100 mL 水样，投入甲管，立即投加 1 mL 邻联甲苯胺溶液，混匀；然后迅速投加 2 mL 亚砷酸钠溶液，快速混匀；2 min 后（从加入邻联甲苯胺溶液混匀后算起）立即与余氯标准比色溶液比色，记录结果 A。A 表示该水样游离氯和干扰物质与邻联甲苯胺溶液混合后产生的颜色所对应的余氯浓度值。

（3）同时吸取 100 mL 水样，投入乙管，立即投加 2 mL 亚砷酸钠溶液，混匀；然后迅速投加 1 mL 邻联甲苯胺溶液，混匀；2 min 后立即与余氯标准比色溶液比色，记录结果 B_1；待 15 min 后（从加入邻联甲苯胺溶液混匀后算起），再取乙管中水样与余氯标准比色溶液比色，记录结果 B_2。B_1 表示干扰物质与邻联甲苯胺溶液迅速混匀后产生的颜色所对应的余氯浓度值；B_2 表示干扰物质与邻联甲苯胺溶液混合 15 min 后产生的颜色所对应的余氯浓度值。

（4）同时吸取 100 mL 水样，投入丙管，立即投加 1 mL 邻联甲苯胺溶液，混匀；静置 15 min 后，再与余氯标准比色溶液比色，记录结果 C。C 代表余氯和干扰物质与邻联甲苯胺溶液混合 15 min 后产生的颜色所对应的余氯浓度值。

五、数据记录及处理

根据比色测定结果计算余氯量，绘制游离性余氯、化合性余氯及总余氯与投氯量之间的关系曲线。

原水温度________℃，氨氮含量________mg/L，漂白粉溶液含氯量________mg/L。

将原始数据及计算结果填入表 4-13 中。

表 4-13　折点加氯消毒实验记录

水样编号		1	2	3	4	5	6	7	8	9	10	11	12
漂白粉溶液投加量/mL													
投氯量/mL													
比色测定结果/（mg/L）	A												
	B_1												
	B_2												
	C												

续表

水样编号		1	2	3	4	5	6	7	8	9	10	11	12
余氯计算	总余氯/(mg/L) $D=C-B_2$												
	游离性余氯/(mg/L) $E=A-B_1$												
	化合性余氯/(mg/L) $D-E$												

六、思考题

(1)当水中含有氨氮时,投氯量与余氯量的关系曲线为何出现折点?

(2)消毒过程中影响投氯量的因素有哪些?

(3)本实验原水如采用折点后加氯消毒,投氯量应为多少比较合适?

实验七　芬顿（Fenton）试剂处理难生物降解有机物实验

高级氧化技术是去除废水中有机污染物的有效方法之一，应用广泛。本实验选用 Fenton 试剂（H_2O_2+ 催化剂亚铁盐）处理实验配制的印染废水。

一、实验目的

（1）掌握 Fenton 试剂的反应机理。

（2）掌握 Fenton 试剂氧化的实验过程。

（3）掌握正交实验设计方法。

二、实验原理

Fenton 试剂中的 H_2O_2 是一种氧化能力较强的氧化剂，与硫酸亚铁同时使用时，硫酸亚铁作为催化剂，使 H_2O_2 的氧化能力大幅提升，因而可以用来处理废水中难以被生物降解的有机污染物，同时在反应过程中，二价铁被氧化为三价铁，在中性或碱性条件下其絮凝作用可以改善固液分离过程。

哈伯（Harber）和韦斯（Weiss）提出，在 Fenton 体系中羟基自由基（·OH）是反应中间体，这是目前公认的催化机理。Fenton 试剂通过催化分解产生的·OH 进攻有机物分子，并将其氧化为 CO_2、H_2O 等无机物质。Fenton 试剂的反应机理为

$$Fe^{2+}+H_2O_2 \rightarrow Fe^{3+}+OH^-+\cdot OH \quad (1)$$

$$Fe^{3+}+H_2O_2 \rightarrow Fe^{2+}+H^++HO_2\cdot \quad (2)$$

$$Fe^{2+}+\cdot OH \rightarrow Fe^{3+}+OH^- \quad (3)$$

$$Fe^{3+}+HO_2\cdot \rightarrow Fe^{2+}+H^++O_2\uparrow \quad (4)$$

$$\cdot OH+H_2O_2 \rightarrow H_2O+HO_2\cdot \quad (5)$$

$$Fe^{2+}+HO_2\cdot \rightarrow Fe^{3+}+HO_2^- \quad (6)$$

$$RH+\cdot OH \rightarrow H_2O+R\cdot \quad (7)$$

$$R\cdot+Fe^{2+} \rightarrow Fe^{3+}+R^- \quad (8)$$

$$R\cdot+H_2O_2 \rightarrow ROH+\cdot OH \quad (9)$$

反应（1）速度很快，反应（2）速度缓慢，所以反应（2）形成的 Fe^{2+} 又迅速与 H_2O_2 反应形成·OH。这一理论的提出验证了·OH 作为反应中间体的存在。由于 Fenton 试剂在许多体系中的确有羟基化作用，所以 Harber 和 Weiss 提出的催化机理得到了普遍承认。羟基自由基·OH 具有下列性质。

（1）短暂性：·OH 的生存时间短于 1 μs，很难对它进行分析测试。

（2）强氧化性：·OH 比其他常用的强氧化剂具有更高的氧化还原电位，因此· OH 是一种强氧化剂。

（3）高电负性或亲电性：·OH 的电子亲和能为 569.3 kJ，容易进攻高电子云密集点，这就决定了·OH 的进攻具有一定的选择性。

目前，大部分人认为 Fenton 试剂的反应机理是基于羟基自由基的强氧化作用。故影响

其反应的主要因素为 pH 值、过氧化氢的用量、Fe^{2+} 的用量以及反应时间等。

1. pH 值

Fenton 试剂是在酸性条件下发生反应的，在中性和碱性的环境中，Fe^{2+} 不能催化 H_2O_2 产生·OH，因为 Fe^{2+} 在溶液中的存在形式受制于溶液的 pH 值。按照经典的 Fenton 试剂反应理论，pH 值升高不仅抑制了·OH 的产生，而且使溶液中的 Fe^{2+} 以氢氧化物的形式沉淀而失去催化能力。当 pH 值低于 3 时，溶液中的 H^+ 浓度过高，反应受到抑制，Fe^{3+} 不能顺利地被还原为 Fe^{2+}，催化反应受阻。由此可知，pH 值的变化直接影响到 Fe^{2+}、Fe^{3+} 的络合平衡体系，从而影响 Fenton 试剂的氧化能力。一般认为，Fenton 试剂的最佳反应 pH 值在 4 左右。

2. 过氧化氢的用量

当 H_2O_2 的浓度较低时，随着 H_2O_2 的浓度增大，产生的·OH 量增大。当 H_2O_2 的浓度过高时，过量的 H_2O_2 非但不能通过分解产生更多的自由基，反而在反应一开始就把 Fe^{2+} 迅速氧化为 Fe^{3+}，使氧化在 Fe^{3+} 的催化下进行，这样既消耗了 H_2O_2 又抑制了·OH 的产生。故过氧化氢的用量有一个理论的数值，该数值随废水进水水质的不同而变化。

3. Fe^{2+} 的用量

当 Fe^{2+} 的浓度较低时，随着 Fe^{2+} 的浓度增大，产生的·OH 量增大。当 Fe^{2+} 的浓度过高时，过量的 Fe^{2+} 还原 H_2O_2 且自身被氧化为 Fe^{3+}，在消耗药剂的同时增加了出水色度。Fe^{2+} 的用量同样有一个理论的数值，该数值随废水进水水质的不同而变化。

4. 反应时间

反应时间对上述反应同样存在较大的影响，随反应时间的增加，·OH 的产生量增大直到反应完全。反应时间随废水进水水质及反应条件的不同而变化。

本实验研究 $FeSO_4$ 浓度对反应去除率的影响。

三、实验器材及试剂

（1）六联搅拌器。

（2）722N 型可见分光光度计。

（3）1 000 mL 烧杯，1 000 mL、100 mL 量筒，移液管，洗耳球。

（4）托盘天平。

（5）2% 硫酸亚铁溶液、7.5% 过氧化氢溶液。

四、实验步骤

（1）pH 值对 Fenton 试剂氧化效果的影响。

取 6 份配制好的实验用水 1 000 mL，分别置于 6 个烧杯中，用稀盐酸将水样 pH 值分别调节至 2、2.5、3、3.5、4、4.5，控制 7.5% H_2O_2 溶液的投加量为 2 mL，2% 硫酸亚铁溶液的投加量为 2 mL，开启六联搅拌器，反应 30 min 后，分别取上清液，用分光光度计在 490 nm 处测定其吸光度，并根据标准曲线计算其浓度。

（2）H_2O_2 投加量对 Fenton 试剂氧化效果的影响。

取 6 份配制好的实验用水 1 000 mL，分别置于 6 个烧杯中，用稀盐酸将水样 pH 值均调节至 4，控制 7.5% H_2O_2 溶液的投加量分别为 0.5、1、1.5、2、2.5、3 mL，2% 硫酸亚铁溶液的投加量为 2 mL，开启六联搅拌器，反应 30 min 后，分别取上清液，用分光光度计在 490 nm 处测定其吸光度，并根据标准曲线计算其浓度。

（3）硫酸亚铁投加量对 Fenton 试剂氧化效果的影响。

取 6 份配制好的实验用水 1 000 mL，分别置于 6 个烧杯中，用稀盐酸将水样 pH 值均调节至 4，控制 7.5% H_2O_2 溶液的投加量为 2 mL，2% 硫酸亚铁溶液的投加量分别为 0.5、1、1.5、2、2.5、3 mL，开启六联搅拌器，反应 30 min 后，分别取上清液，用分光光度计在 490 nm 处测定其吸光度，并根据标准曲线计算其浓度。

（4）反应时间对 Fenton 试剂氧化效果的影响。

取 6 份配制好的实验用水 1 000 mL，分别置于 6 个烧杯中，用稀盐酸将水样 pH 值均调节至 4，控制 7.5% H_2O_2 溶液的投加量为 2 mL，2% 硫酸亚铁溶液的投加量为 2 mL，开启六联搅拌器，反应时间分别为 15、20、25、30、35、40 min，然后分别取上清液，用分光光度计在 490 nm 处测定其吸光度，并根据标准曲线计算其浓度。

（5）Fenton 反应正交实验。

根据以上所做单因素实验的结果，分别针对 pH 值、过氧化氢投加量、硫酸亚铁投加量和反应时间 4 个影响因素，在效果较好的数据点附近，选取 3 个水平（表 4-14），利用 $L_9(3^4)$ 正交表设计正交实验。

表 4-14　Fenton 反应因素水平表

水平	因素			
	pH 值	H_2O_2 投加量/mL	$FeSO_4$ 投加量/mL	反应时间/min
1				
2				
3				

（6）取 6 份配制好的实验用水 1 000 mL，分别置于 6 个烧杯中，并按照正交实验设计方法调节 pH 值。

（7）按照正交实验设计方法向各烧杯中分别加入 30% 过氧化氢溶液。

（8）按照正交实验设计方法向加药管中分别加入 4% $FeSO_4$ 溶液。

（9）开启搅拌，将加药管中的 $FeSO_4$ 溶液倒入烧杯。

（10）快速搅拌（300 r/min）30 s，然后调速至 150 r/min，搅拌时间依实验设计方案。

（11）停止搅拌后静沉 5 min，测各水样上清液的吸光度 A_i（波长 490 nm）。

五、数据记录及处理

原水吸光度 A_0=_____，水温为 ______，波长为 490 nm，搅拌转速为 150 r/min。

将原始数据及计算结果记录在表 4-15 中。

表 4-15　正交实验数据记录

实验号	因素				反应后吸光度 A_i	评价指标
	pH 值	H_2O_2 投加量/mL	$FeSO_4$ 投加量/mL	反应时间/min		去除率/%
1						
2						
3						
4						
5						
6						
7						
8						
9						
k_1						
k_2						
k_3						
极差						
最佳方案						

如果工艺要求污染物去除率达到 90% 即可达标，请依据正交实验结果列出最佳方案，并计算该方案的药剂费用。

六、思考题

（1）影响 Fenton 试剂氧化效果的因素有哪些？

（2）为什么不能先将 H_2O_2 和 $FeSO_4$ 混合后再投加？

实验八　臭氧脱色实验

臭氧(O_3)是氧的同素异构体,具有很强的氧化性,不仅能氧化废水中的不饱和有机物,而且能使芳香族化合物开环和部分氧化,从而提高了废水的可生化性。臭氧极不稳定,在常温下分解为氧气。用臭氧处理废水的最大优点是不产生二次污染,且能增加水中的溶解氧。在工业上,一般采用无声放电法制取臭氧,原料为空气,价廉易得。因此利用臭氧处理水和废水具有广阔的前景。

一、实验目的

(1)了解臭氧的氧化原理及特性。

(2)通过对染色废水的处理,了解臭氧在处理工业废水过程中的应用。

二、实验原理

臭氧是一种强氧化剂,它的氧化能力在天然元素中仅次于氟。臭氧在污水处理中可用于除臭、脱色、杀菌、消毒、降酚、降解 COD 和 BOD 等有机物。

臭氧在水溶液中的强烈氧化作用,不是由 O_3 本身引起的,而是由 O_3 在水中分解的中间产物·OH 及 HO_2·引起的。很多有机物都容易与臭氧发生反应。例如,臭氧对水溶性染料、蛋白质、氨基酸、有机氨及不饱和化合物、酚和芳香族衍生物以及杂环化合物、木质素、腐殖质等有机物均有强烈的氧化降解作用;此外,它还有强烈的杀菌、消毒作用。

臭氧氧化有以下三个优点:

(1)臭氧能氧化其他用化学氧化、生物氧化方法不易处理的污染物,在除臭、脱色、杀菌、降解有机物等方面都有显著效果;

(2)经处理后污水中剩余的臭氧易分解,不产生二次污染,且能增加水中的溶解氧;

(3)制备臭氧利用空气作为原料,操作简便。

工业上采用高压(1.5 万 ~3 万 V)高频放电方法制取臭氧,通常制得的是含 1%~4% 臭氧的混合气体,称为臭氧化气体。

工业生产中,除考虑 pH 值和温度等影响因素外,还常常利用催化剂提高臭氧的氧化性能。

(1)碱催化臭氧氧化,如 O_3/H_2O_2,通过 OH^- 催化产生·OH 而对有机物进行降解。

(2)光催化臭氧氧化,如 O_3/UV、$O_3/H_2O_2/UV$。

(3)多相催化臭氧氧化,如 O_3/ 固体催化剂(如活性炭、金属及其氧化物)。

三、实验器材

(1)臭氧发生器。

(2)脱色反应器。

(3)722N 型可见分光光度计。

四、实验步骤

(1)连接臭氧发生器和反应器。
(2)在反应器中加入印染废水至刻度线。
(3)测定 O_3 浓度，调节 O_3 流量为 3 m^3/h 并计时。
(4)每隔 10 min 测出水吸光度，至少取得 6 个有效数据。
(5)绘制出水吸光度与反应时间的关系曲线。

五、数据记录及处理

原水 pH=7，原水吸光度 ________，波长 490 nm。
将原始数据及计算结果记录在表 4-16 中。

表 4-16　臭氧脱色实验记录

时间/min									
出水 吸光度 *A*									
去除率									

六、思考题

(1)影响臭氧氧化的因素有哪些？
(2)为强化脱色效果，是否可以将臭氧和活性炭吸附联用？为什么？

实验九　双膜法水处理工艺实验

双膜法水处理工艺利用动态数学模型实时模拟真实实验现象和过程，通过 2D 仿真实验装置进行交互式操作，能够体现实验步骤和数据梳理等基本实验过程，满足工艺操作要求，满足流程操作训练要求，能够安全、长周期运行。

一、实验目的

（1）了解反渗透（RO）、连续电除盐（EDI）技术特点及其应用。
（2）了解海水淡化工艺及其运行特点。
（3）了解高纯水制备工艺及其运行特点。

二、实验原理

1. RO

RO 是 20 世纪 60 年代发展起来的一种膜分离技术，其原理是原水在高压力的作用下通过反渗透膜，水中的溶剂（即水）从膜的高压侧向低压侧渗透而达到分离、提纯、浓缩的目的。反渗透水处理系统可以去除水中的细菌、病毒、胶体、有机物和 98% 以上的溶解性盐类。该方法具有运行成本低、操作简单、自动化程度高、出水水质稳定等特点，与其他传统的水处理方法相比具有明显的优势，因而广泛运用于水处理相关行业。

RO 是利用 RO 膜的选择性，以膜两侧静压差为动力，克服溶剂（通常是水）的渗透压，允许溶剂通过而截留离子物质，对液体混合物进行分离的膜过程。进行 RO 分离有两个必要条件：一是外加压力必须大于溶液的渗透压力（操作压力一般为 1.5~10.5 MPa）；二是必须有一种高透水性、高选择性的半透膜。RO 膜表面微孔孔径一般小于 1 nm，对绝大部分无机盐、溶解性有机物、溶解性固体、生物和胶体都有很高的去除率。

因此，RO 技术在生活和工业水处理中已有广泛应用，如海水和苦咸水淡化、医用和工业用水的生产、纯水和超纯水的制备、工业废水处理、食品加工浓缩、气体分离等。

2. EDI

EDI 科学地将电渗析技术和离子交换技术融为一体，通过阳、阴离子交换膜对阳、阴离子的选择透过作用以及离子交换树脂对水中离子的交换作用，在电场的作用下实现水中离子的定向迁移，从而实现水的深度净化除盐，并通过水电解产生的氢离子和氢氧根离子对装填树脂进行连续再生，因此 EDI 制水过程不需酸、碱化学药品再生即可连续制取高品质超纯水。它具有技术先进、结构紧凑、操作简便的优点，可广泛应用于电力、电子、医药、化工、食品和实验室领域，是水处理技术的绿色革命。出水水质具有最佳的稳定度。

EDI 是一种将离子交换技术、离子交换膜技术和离子电迁移技术相结合的纯水制造技术。它巧妙地将电渗析技术和离子交换技术相结合，利用两端电极高压使水中带电离子移动，并配合离子交换树脂及离子交换膜以加速离子移动去除，从而达到纯化水的目的。在 EDI 除盐过程中，离子在电场作用下通过离子交换膜被清除。同时，水分子在电场作用下产生氢离子和氢氧根离子，这些离子对离子交换树脂进行连续再生，使离子交换树脂保持最佳状态。

EDI 模块将离子交换树脂充夹在阴、阳离子交换膜之间形成 EDI 单元。EDI 模块将一定数量的 EDI 单元间用格板隔开，形成浓水室和淡水室，又在单元组两端设置阴、阳电极。在直流电的推动下，通过淡水室水流中的阴、阳离子分别穿过阴、阳离子交换膜进入浓水室而在淡水室中被去除。而通过浓水室的水将离子带出系统，成为浓水。EDI 设备一般以二级反渗透（RO）纯水作为 EDI 给水。25 ℃下二级 RO 纯水的电导率一般在 0.5~5 μS/cm（视一级 RO 纯水电导率的大小，二级 RO 纯水的电导率会有变动，但正常的二级 RO 纯水的电导率不应高出这个范围），25 ℃下经过 EDI 系统处理后产生的纯水的电阻率可达 18~25 MΩ·cm 或更高（理论上 pH=7 的绝对纯水的电阻率约为 18.29 MΩ·cm，其中超纯水的电阻率约为 18.248 MΩ·cm，换言之，处理得当的 EDI 产水在电阻率这一项指标上完全能达到超纯水的标准）。根据工艺用水用途和实际系统配置设置，EDI 系统广泛用于制备电阻率要求在 10~18 MΩ·cm（25 ℃）的纯水。

3. 超滤（UF）

超滤是以压力为推动力的膜分离技术之一。它以分离大分子与小分子为目的，膜孔径为 2~100 nm。中空纤维超滤器（膜）具有单位容器内充填密度高、占地面积小等优点。

在超滤过程中，水溶液在压力推动下流经膜表面，小于膜孔的溶剂（水）及小分子溶质透过膜，成为净化液（滤清液）；比膜孔大的溶质及溶质集团被截留，随水流排出，成为浓缩液。超滤过程为动态过滤，分离是在流动状态下完成的。溶质仅在膜表面有限沉积，在超滤速率衰减到一定程度时趋于平衡，且通过清洗可以恢复超滤性能。

超滤是一种加压膜分离技术，即在一定的压力下，使小分子溶质和溶剂穿过一定孔径的特制的薄膜，而使大分子溶质不能透过，只能留在膜的一边，从而使大分子物质得到部分的纯化。超滤过程实质上是一种膜分离过程，它利用一种压力活性膜，在外界推动力（压力）作用下截留水中胶体、颗粒和分子质量相对较高的物质，而使水和小的溶质颗粒透过膜，从而实现分离目的。当被处理水借助外界压力的作用以一定的流速通过膜表面时，水分子和分子质量较小的溶质透过膜，而大于膜孔的微粒、大分子等由于筛分作用被截留，从而使水得到净化。也就是说，超滤膜可除去水中含有的大部分胶体硅，同时可去除大量的有机物等。

超滤膜的工作以筛分机理为主，基于工作压力和膜的孔径大小进行水的净化处理。以中空纤维为例，按进水方式可分为外压式和内压式。原水从膜丝外进入、净水从膜丝内制取的方式称为外压式，反之则为内压式。内压式的工作压力较外压式要低。超滤膜在饮用水深度处理、工业用超纯水和溶液浓缩分离等许多领域中得到了广泛应用。

超滤膜的主要性能指标有水通量（$cm^3/(cm^2 \cdot h)$）、截留率（以百分数表示）、化学物理稳定性（包括力学强度）等。

4. 海水淡化能量回收装置

能量回收装置是反渗透海水淡化系统的关键装置之一，对大幅降低系统运行能耗和造水成本至关重要。我国已建成投产或正在兴建的反渗透海水淡化工程绝大部分都采用从国外进口的能量回收装置，价格十分昂贵，占工程总投资的 10%~15%。能量回收装置是反渗透海水淡化产业链中的重要环节，也是我国发展反渗透海水淡化产业迫切需要攻克的关键部件之一。开发出具有自主知识产权的国产能量回收装置，逐步打破国外产品的垄断，形成完整的国产反渗透海水淡化产业链，已成为我国反渗透海水淡化产业发展的关键。

能量回收装置主要包括差压交换式能量回收装置（ER-CY）、等压交换式能量回收装置（ER-DY）等。

三、实验步骤

（一）再生水工艺

进入参数设置界面（图 4-4）。

（1）设置进水 COD 浓度、进水浊度。

（2）选择 RO 级数、RO 段数。

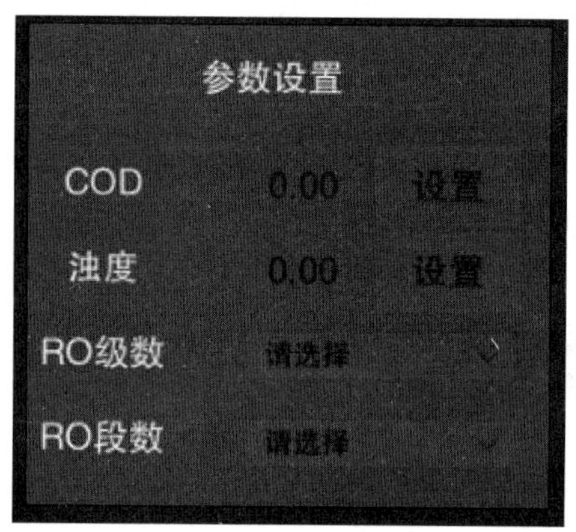

图 4-4 参数设置界面

（3）打开调节池进水阀门，打开 MBR 池进水阀门；待 MBR 池液位达到 50% 时，打开空压机的开关并将阀门调整至适当开度。

（4）打开中间泵进口阀，启动中间泵，打开中间泵出口阀并调节流量（图 4-5）。

（5）进行消毒药剂投加相关操作。

（6）进行还原剂加药相关操作。

（7）投加阻垢剂，并设定流量。

（8）开启一级反渗透工序。

（9）调节二级增压泵，开启二级反渗透工序。

再生水工艺界面如图 4-6 所示。

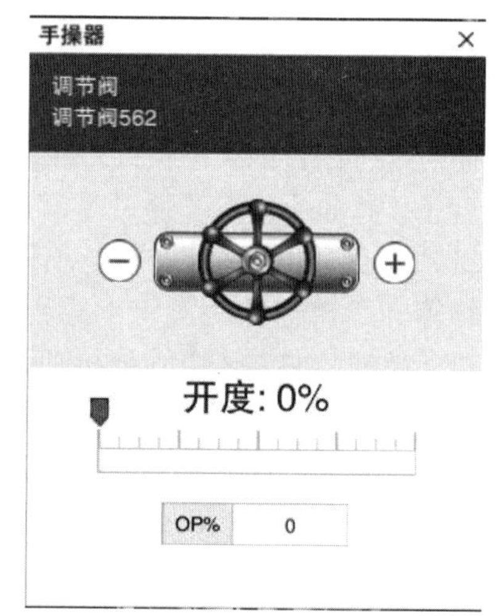

图 4-5 阀门调节界面

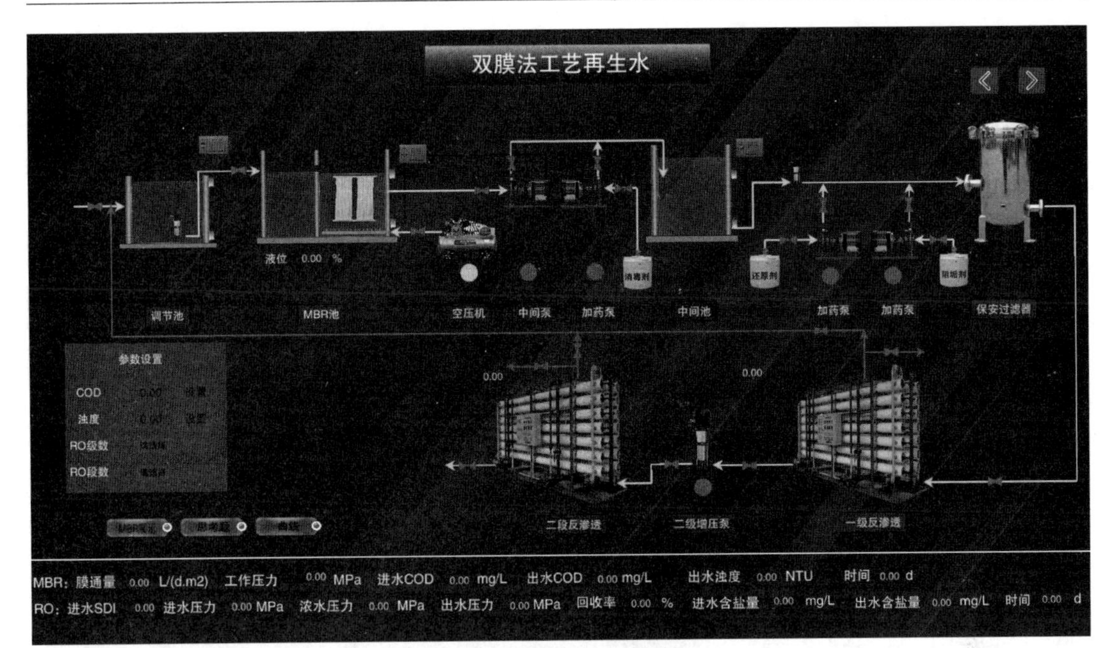

图 4-6　再生水工艺界面

（二）海水淡化工艺

（1）设置进水 COD 浓度、进水浊度。

（2）选择 RO 级数、RO 段数。

（3）启动混凝加药系统。

（4）开启 V 形滤池相关阀门。

（5）启动清水泵。

（6）启动一级增压泵。

（7）启动能量回收装置。

（8）启动二级增压泵。

（9）打开二级反渗透出口阀门、二级反渗透浓水阀门。

海水淡化工艺界面如图 4-7 所示。海水淡化出水指标如图 4-8 所示。

（三）高纯水工艺

（1）选择 RO 级数、RO 段数。

（2）打开水泵阀门，开启进水水泵。

（3）开启碳滤池工艺阀门。

（4）启动阻垢剂加药系统。

（5）启动一级高压泵，开启一级反渗透系统。

（6）启动二级高压泵，开启二级反渗透系统。

（7）打开 EDI 工艺阀门，启动 EDI 泵。

（8）打开超纯水工艺阀门，启动超纯水泵。

（9）打开紫外消毒系统。

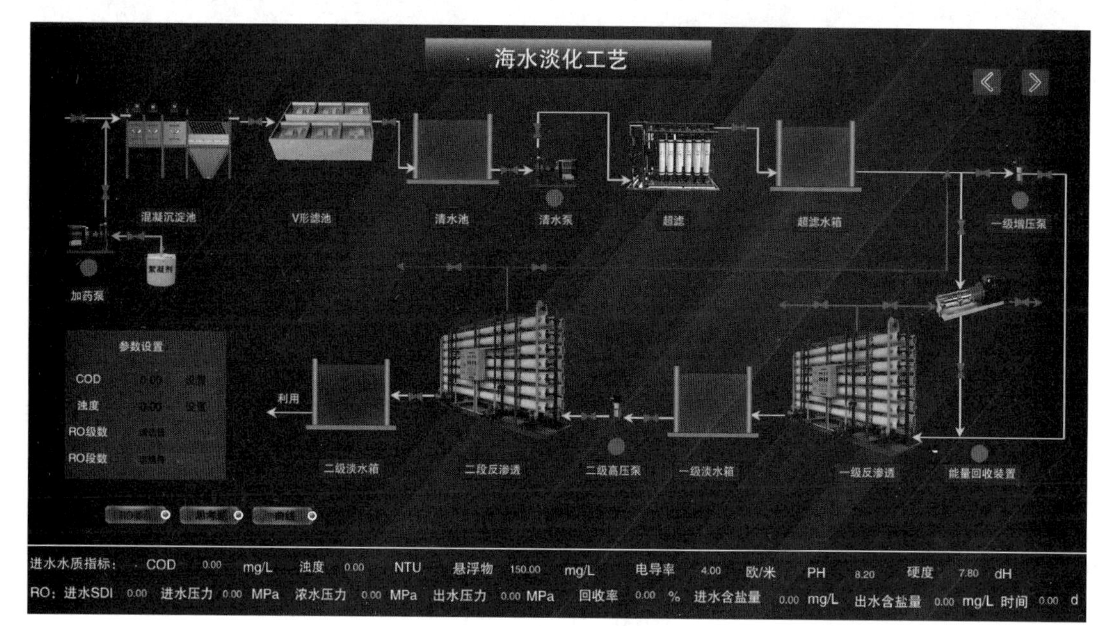

图 4-7　海水淡化工艺界面

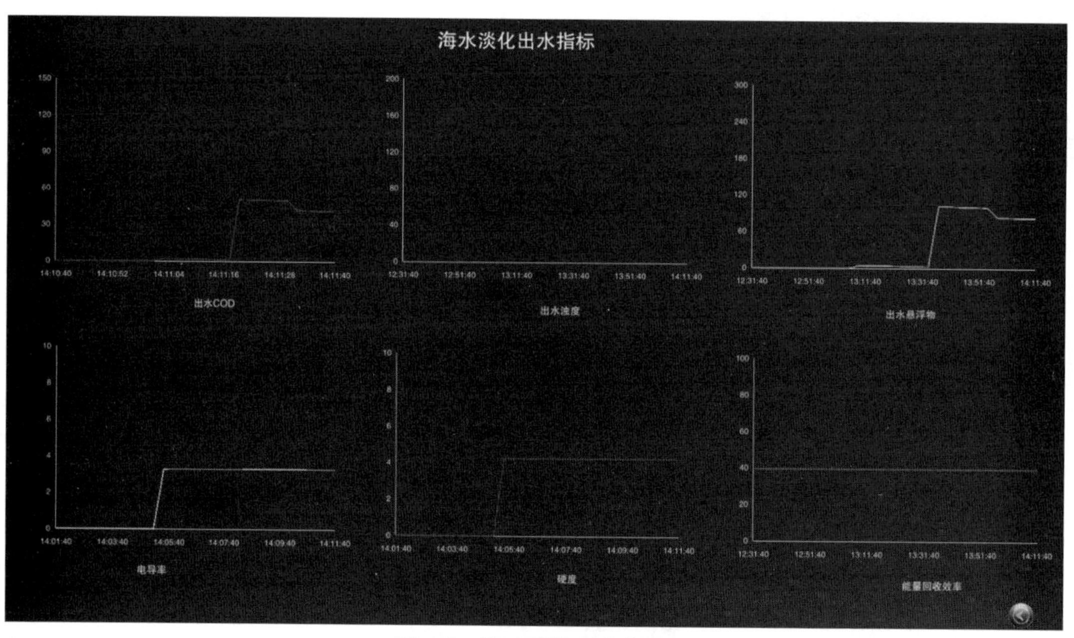

图 4-8　海水淡化出水指标

四、课后习题

在工艺实验操作完成后，进行课后习题练习（图 4-9）。

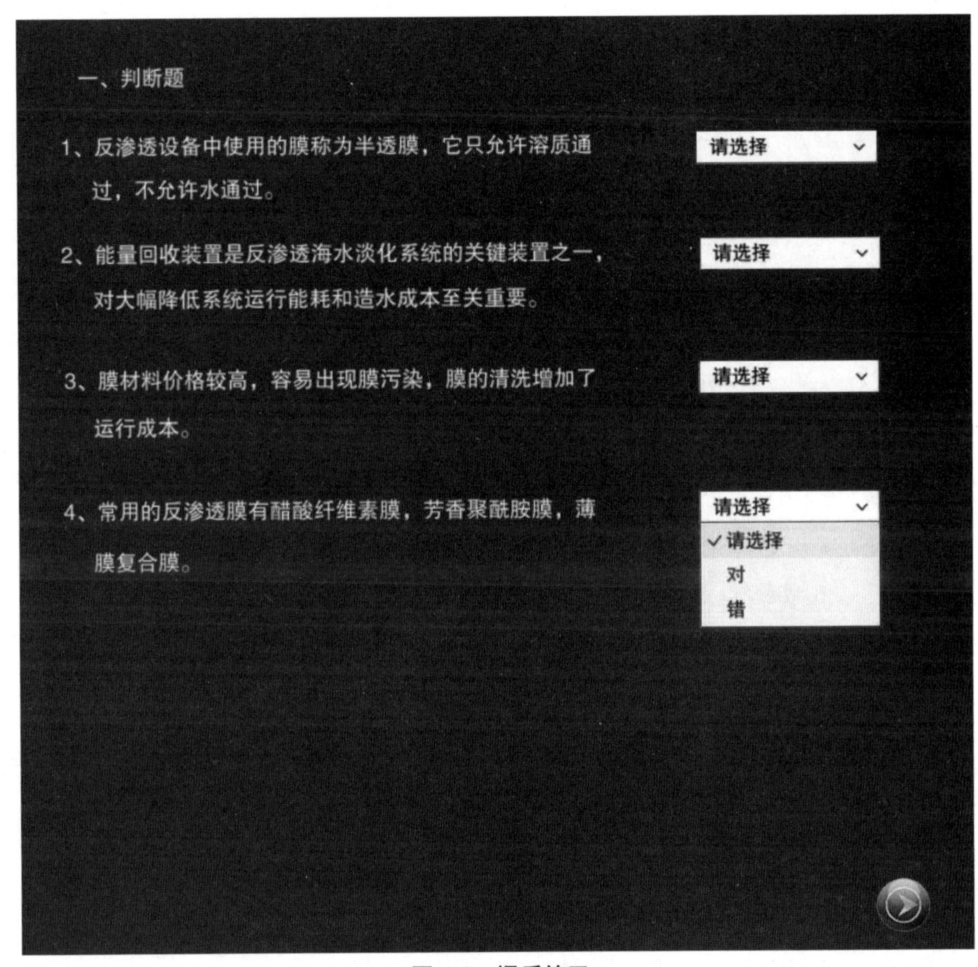

图 4-9　课后练习

第五章　水处理的生物化学方法实验

实验十　曝气设备清水充氧实验

在活性污泥法的水处理过程中，曝气起关键作用。曝气将空气中的氧强制溶解到水中去，保证生化作用所需的氧；同时，它的搅拌作用使得活性污泥、污染物和水充分混合，使活性污泥处于悬浮状态，为微生物的降解创造了条件。

一、实验目的

（1）加深对曝气设备充氧机理及其影响因素的理解。

（2）掌握测定曝气设备的氧总转移系数和评价曝气设备充氧性能的实验方法。

二、实验原理

曝气就是人为地通过一些设备加速向水中传递氧的一个过程。现行曝气方法主要有三种，即鼓风曝气、机械曝气、鼓风机械曝气。鼓风曝气是将由鼓风机送出的压缩空气通过管道系统送到安装在曝气池池底的空气扩散装置（曝气器），然后以微小气泡的形式逸出，在上升的过程中与混合液接触、扩散，使气泡中氧转移到混合液中去。机械曝气则是利用安装在水面的叶轮的高速转动，剧烈搅动水面，使液面与空气接触的表面不断更新，从而使空气中的氧转移到混合液中去。曝气的机理可用若干传质理论来加以解释，但水处理界比较公认的是刘易斯（Lewis）与怀特曼（Whitman）创建的双膜理论。

当气液两相接触时，两相之间有一个相界面。在相界面的两侧分别存在着呈层流流动的稳定膜层。气体分子从气相主体以分子扩散的方式经过气膜和液膜进入液相主体，氧转移的动力为气膜中的氧分压梯度和液膜中的氧浓度梯度，传递的阻力存在于气膜和液膜中，而且主要存在于液膜中。双膜理论模型如图 5-1 所示。

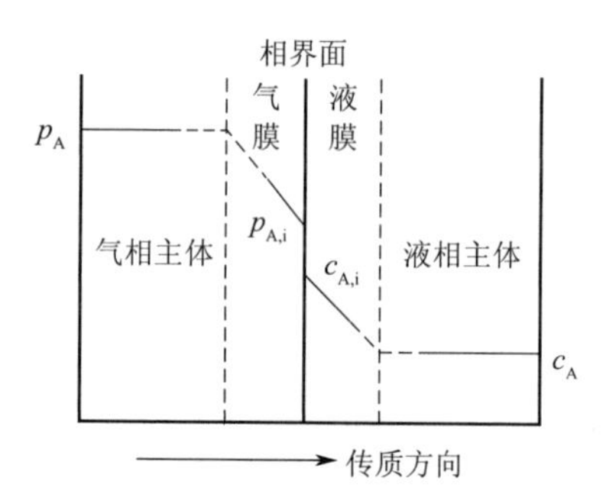

p_A—溶质 A 在气膜中的分压；$p_{A,i}$—溶质 A 在相界面气膜中的分压；
c_A—溶质 A 在液膜中的浓度；$c_{A,i}$—溶质 A 在相界面液膜中的浓度

图 5-1　双膜理论模型

影响氧转移的因素主要有温度、污水性质、氧分压、水的紊流程度、气液之间接触时间和面积等。

氧转移的基本方程式为

$$\frac{dc}{dt}=K_{La}\left(c_s-c\right)$$

式中　$\frac{dc}{dt}$——液相主体中氧转移速度，mg/(L·min)；

c_s——液膜处饱和溶解氧浓度，mg/L；

c——液相主体中溶解氧浓度，mg/L；

K_{La}——氧总转移系数。

将上式积分可得

$$K_{La}=\frac{1}{t_2-t_1}\ln\frac{c_s-c_2}{c_s-c_1}$$

式中　K_{La}——氧总转移系数，l/min；

t_1、t_2——取样时对应的曝气时间，min；

c_1、c_2——取样时的溶解氧浓度，mg/L；

c_s——水的饱和溶解氧值，mg/L。

K_{La} 值与温度、水紊动性、气液接触面面积等有关。它指的是在单位传质动力下，单位时间内向单位曝气液体中充氧的量，它是反映氧转移速度的重要指标。

评价曝气设备充氧性能的方法有两种：①不稳定状态下的曝气试验，即试验过程中溶解氧浓度是变化的，由零增加到饱和浓度；②稳定状态下的曝气试验，即试验过程中溶解氧浓度保持不变。本实验仅限在实验室条件下进行的清水曝气试验。

三、实验器材及试剂

(1)曝气柱。

(2)空气压缩机。

(3)秒表。

(4)溶解氧瓶。

(5)移液管(1 mL，2 mL)。

(6)无水亚硫酸钠、氯化钴溶液、硫酸锰溶液、碱性碘化钾溶液、硫酸溶液、淀粉溶液、硫代硫酸钠溶液。

四、实验步骤

(1)计算实验时柱内清水的总体积 V(L)，并根据实验温度下的清水饱和溶解氧值 c_s(mg/L)和公式 $G=Vc_s$ 计算出实验清水中含氧的总量 G。

(2)根据公式 $g=8G\times(1.1\sim1.5)$计算脱氧剂投加量 g，式中 1.1~1.5 是根据化学平衡计算后再乘的一个系数，目的是使脱氧剂投加稍过量，从而保证柱内清水完全脱氧。

(3)计算催化剂投加量 $g_{催}=V\times0.1$ mg/L。

(4)称取所需脱氧剂和催化剂，用温水溶解，倒入曝气柱内，然后注入清水，使液面达到指定高度。

（5）开始曝气并设置曝气量为 0.1 m^3/min，当曝气柱内出现气泡后开始计时，每隔 1 min 用溶解氧瓶取水样 1 次。从开始曝气至柱内清水达到饱和的时间为 8~12 min。

（6）用碘量法测定水中溶解氧，将移液管插入溶解氧瓶的液面下，加入 1 mL 硫酸锰溶液、2 mL 碱性碘化钾溶液，盖好瓶塞，颠倒混合数次，然后静置。待棕色沉淀物降至瓶内一半时，再颠倒混合一次，待沉淀物下降到瓶底后，轻轻打开瓶塞，立即将吸量管插入液面下加 2.0 mL 硫酸。小心盖好瓶塞，颠倒混合摇匀，至沉淀物完全溶解为止，放置暗处 5 min。用移液管准确吸取 100.0 mL 上述溶液于 250 mL 锥形瓶中，用硫代硫酸钠溶液滴定至溶液呈淡黄色，加入 1 mL 淀粉溶液，继续滴定至蓝色刚好褪去为止，记录硫代硫酸钠溶液的用量。计算溶解氧量。

五、数据记录及处理

（1）曝气柱内径 ______，水深 ______，水温 ______，清水体积 _______，清水饱和溶解氧浓度 _________，脱氧剂用量 _________，催化剂 ________，曝气前水中溶解氧浓度 c_0=__________。

（2）将充氧实验原始数据及计算结果记录在表 5-1 中。

表 5-1 充氧实验记录

t/min	c_i/（mg/L）	c_s−c_i/（mg/L）	ln（c_s−c_i）	ln（c_s−c_0）

（3）作 t-ln（c_s−c_i）图，求 $K_{La}(t)$，并利用温度修正系数求 K_{Las}。

（4）温度修正。

因清水充氧实验给出的是标准状态下氧总转移系数 K_{Las}，即清水在 1.01×10^5 Pa、20 ℃条件下的充氧性能，而实验过程中曝气充氧的条件并非标准条件，这些条件都对充氧性能产生影响，故需要引入压力、温度修正系数。

温度修正系数为

$$K=1.024^{20-T}$$

修正后的氧总转移系数为

$$K_{Las}=K\cdot K_{La}=1.024^{20-T}K_{La}$$

六、思考题

（1）简述曝气在生物处理中的作用。

（2）曝气充氧原理及其影响因素是什么？

（3）氧总转移系数 K_{La} 的意义是什么？

实验十一　活性污泥性能测定及评价实验

在活性污泥法的水处理过程中，起主导作用的是活性污泥。活性污泥的性能对活性污泥系统的净化功能起决定性的作用。进行活性污泥性能的测定，不仅可以判断污泥再生效果以及不同运行条件、方式、水质等状况下污泥性能的好坏，还可以选择污水处理运行方式，在科研和生产运行中具有重要作用。

一、实验目的

（1）了解评价活性污泥性能的四项指标 MLSS、MLVSS、SV、SVI 及其相互关系，加深对活性污泥性能的理解。

（2）掌握污泥性能的测定方法。

二、实验原理

活性污泥是人工培养的生物絮凝体，它是由好氧微生物及其吸附的有机物组成的。活性污泥可以吸附和分解废水中的有机物，显示出生物化学活性。活性污泥按组成可以分为四部分：有活性的微生物（Ma）、微生物自身氧化残留物（Me）、吸附在活性污泥上不能被微生物降解的有机物（Mi）和无机悬浮固体（Mii）。

活性污泥的评价指标一般有混合液悬浮固体浓度（MLSS）、混合液挥发性悬浮固体浓度（MLVSS）、污泥沉降比（SV）、污泥体积指数（SVI）等。

混合液悬浮固体浓度（MLSS）是指曝气池单位体积混合液中活性污泥悬浮固体的质量，又称为污泥浓度，单位为 mg/L 或 g/L。它由活性污泥中的 Ma、Me、Mi、Mii 四项组成。

混合液挥发性悬浮固体浓度（MLVSS）是指曝气池单位体积混合液悬浮固体中挥发性物质的量，单位为 mg/L 或 g/L。它表示有机物含量，即由 MLSS 的前三项组成。一般生活污水处理厂曝气池混合液 MLVSS/MLSS 在 0.7~0.8。

性能良好的活性污泥，除了具有去除有机物的能力外，还应有良好的絮凝沉降性能。活性污泥的絮凝沉降性能可用污泥沉降比（SV）和污泥体积指数（SVI）来评价。

污泥沉降比（SV）是指曝气池混合液在 100 mL 量筒中静置沉淀 30 min 后，污泥体积与混合液体积之比，用百分数（%）表示。活性污泥混合液经 30 min 沉淀后，沉淀污泥可接近最大密度，因此可以用 30 min 作为测定污泥沉降性能的依据。

污泥体积指数（SVI）是指曝气池混合液沉淀 30 min 后，每单位质量干泥形成的湿污泥体积，单位为 mL/g，但习惯上把单位略去。根据 SVI 值大小，可以初步判断活性污泥沉降性能及其生物活性。若 SVI 过低，则说明污泥中的无机物比例过高，生物活性差。若 SVI 过高，则说明污泥沉降性能差，有发生污泥膨胀的趋势。SVI 值应控制在一定范围之内。一般来说，当 SVI 为 100~150 时，污泥沉降性能良好；当 SVI>200 时，污泥沉降性能较差，污泥易膨胀；当 SVI<50 时，污泥絮体细小紧密，含无机物较多，污泥活性差。

三、实验器材

（1）恒温干燥箱。
（2）万分之一分析天平。
（3）马弗炉。
（4）坩埚。
（5）100 mL 量筒、漏斗、烧杯。
（6）定量滤纸（在 105 ℃下烘至恒重）。
（7）取自城镇污水处理厂曝气池的活性污泥混合液。
（8）小型曝气池设备。

四、实验步骤

1. SV 的测定

从实验曝气池中取混合均匀的污泥混合液 100 mL，置于 100 mL 量筒中，静置 30 min，读取沉降污泥体积并记录。

2. MLSS 的测定

（1）将在 105 ℃下烘至恒重的定量滤纸用分析天平称重，记录其质量（W_1）。

（2）将测定过沉降比的 100 mL 量筒内的污泥及上清液全部用称重后的滤纸过滤，并清洗量筒 1~2 次，清洗水也一并过滤。

（3）将载有污泥的滤纸放入烘箱，在 105 ℃下烘干至恒重，称重并记录（W_2）。

（4）计算污泥浓度：

$$\text{MLSS}=[(\text{滤纸重}+\text{污泥干重})-\text{滤纸重}]\times 10$$
$$=\frac{W_2-W_1}{100}\times 1\,000$$

3. SVI 的测定

根据 SV 和 MLSS 结果计算污泥体积指数 SVI。

$$\text{SVI}=\frac{\text{混合液静置沉淀后污泥容积(mL/L)}}{\text{污泥干重(g/L)}}$$
$$=\frac{\text{SV(\%)}\times 10\text{(mL/L)}}{\text{MLSS(g/L)}}$$

4. MLVSS 的测定

挥发性污泥就是挥发性悬浮固体，它包括微生物和有机物。干污泥经过灼烧（600 ℃）后，剩下的灰分称为污泥灰分。称重烘干至恒重的瓷坩埚，并记录其质量（W_3），再将测定过污泥干重的滤纸和干污泥一并放入瓷坩埚中。先在普通电炉上加热炭化，然后放入马弗炉内（600 ℃）灼烧 40 min，取出置于干燥器内冷却，称重（W_4）。

$$\text{污泥灰分}=\frac{\text{灰分质量}}{\text{干污泥质量}}\times 100\%$$

$$\text{MLVSS}=\frac{\text{干污泥质量}-\text{灰分质量}}{100}\times 1\,000$$

五、数据记录及处理

（1）将数据记录在表 5-2 中。

表 5-2　污泥特性实验记录

SV/%	W_1/g	W_2/g	W_3/g	W_4/g

（2）计算 SV、SVI、MLSS 和 MLVSS。

六、思考题

（1）污泥体积指数 SVI 的倒数表示什么？为什么？
（2）对该活性污泥的沉降性能及活性进行评价。

实验十二　序批式活性污泥法(SBR)实验

一、实验目的

(1)了解 SBR 系统的特点。

(2)加深对 SBR 工艺及运行过程的认识。

二、实验原理

SBR 是按照间歇曝气的方式来运行的活性污泥污水处理技术。SBR 的主要特征是按照顺序运行和间歇操作,其核心是 SBR 反应池。该池集均化、初沉、生物降解、二沉等功能于一池,无污泥回流系统。SBR 尤其适用于间歇排放和流量变化较大的场合。SBR 的操作模式由进水、反应、沉淀、排水和闲置等五个基本过程组成,从污水流入开始到闲置时间结束算作一个周期。在一个周期内,一切过程都在一个设有曝气或搅拌装置的反应池内依次进行,这种操作周而复始反复进行,以达到不断进行污水处理的目的。因此,不需要传统活性污泥法中必须设置的沉淀池、回流污泥泵等装置。传统活性污泥法是在空间上设置不同设施进行固定的连续操作;而 SBR 是在单一的反应池内,在时间上进行各种目的的不同操作。

进水工序是反应池接纳污水的过程。在污水开始流入之前,反应池处于前一个周期的排水或闲置状态,因此反应池内剩有高浓度的活性污泥混合液,这相当于起到传统活性污泥法中污泥回流的作用,此时反应池内的水位最低。在进水时间内或者说在到达最高水位之前,反应池的排水系统一直处于关闭状态。

在反应工序中,系统进行曝气或搅拌,以达到反应目的(去除 BOD、硝化、脱氮、除磷)。例如,为达到脱氮的目的,通过好氧反应(曝气)进行氧化、硝化,然后通过厌氧反应(搅拌)而脱氮。为保证沉淀工序的效果,在反应工序后期,进入沉淀工序之前需进行短暂的微量曝气,去除附着在污泥上的氮气。在反应工序的后期还可进行排泥。

在沉淀工序中,反应池对应于传统活性污泥法中的二次沉淀池(简称二沉池)。此时停止曝气和搅拌,活性污泥微粒进行重力沉淀。传统活性污泥法中的二沉池是各种流向的沉降分离,而 SBR 的沉淀工序是静止沉淀,因而有更高的沉淀效率。

排水工序排出活性污泥沉淀后的上清液,作为处理后的出水,一直排放到最低水位。反应池底部沉降的活性污泥大部分作为下一个处理周期的回流污泥使用,剩余污泥引出排放。

沉淀之后到下个周期开始的期间称为闲置工序。根据需要可进行搅拌或者曝气。在厌氧条件下采用搅拌不仅节省能量,而且对保持污泥的活性有利。在以脱磷为目的装置中,剩余污泥的排放一般是在闲置工序之初和沉淀工序的最后进行。

三、实验器材及试剂

(1)SBR 实验装置。

(2)溶解氧在线测定及 PLC 自控装置。

(3)COD 快速测定仪及相关药剂。

(4)722N 型可见分光光度计及氨氮测定药剂。

四、实验步骤

(一)SBR 工艺实验

(1)设定 PLC 程序,按照 SBR 工艺序列设定进水、反应、沉淀、排水段时间,总计 6 h,不设闲置段。

(2)设定 DO(数字输出)自控装置,设定反应阶段溶解氧上下限值。

(3)打开原水泵电源,开始进水过程。到达设定液位后自控装置自动停泵。

(4)在反应阶段调整气体流量计阀门开度,使进气量保持稳定。

(5)取排水阶段出水,测定 COD 和氨氮值。

(二)SBR 强化脱氮实验

(1)在步骤(一)排水阶段完成后,重新设定 PLC 程序。

为了达到强化脱氮的目的,反应阶段曝气方式改为好氧(曝气)和厌氧(搅拌)交替进行,按工艺要求设定各阶段时间。SBR 工艺运行时间总计 6 h,不设闲置段。

(2)设定 DO 自控装置,设定反应阶段溶解氧上下限值。

(3)打开原水泵电源,开始进水过程。到达设定液位后自控装置自动停泵。

(4)在反应阶段调整气体流量计阀门开度,使进气量保持稳定。

(5)取排水阶段出水,测定 COD 和氨氮值。

五、数据记录

将数据记录在表 5-3 和表 5-4 中。

表 5-3 SBR 工艺实验记录

进水段时间/h	反应段时间/h	沉淀段时间/h	排水段时间/h	进水 COD 浓度/(mg/L)	出水 COD 浓度/(mg/L)	进水氨氮浓度/(mg/L)	出水氨氮浓度/(mg/L)

表 5-4 SBR 强化脱氮实验记录

<table>
<tr><td>进水段时间/h</td><td colspan="3">反应段时间/h</td><td>沉淀段时间/h</td><td>排水段时间/h</td></tr>
<tr><td rowspan="2"></td><td>曝气段</td><td>搅拌段</td><td>曝气段</td><td rowspan="2"></td><td rowspan="2"></td></tr>
<tr><td></td><td></td><td></td></tr>
<tr><td colspan="2">进水 COD 浓度/(mg/L)</td><td>出水 COD 浓度/(mg/L)</td><td>进水氨氮浓度/(mg/L)</td><td colspan="2">出水氨氮浓度/(mg/L)</td></tr>
<tr><td colspan="2"></td><td></td><td></td><td colspan="2"></td></tr>
</table>

六、思考题

(1)简述 SBR 与传统活性污泥法的区别。

(2)SBR 可以通过怎样的工艺调整来实现脱氮除磷?

实验十三 膜生物反应器（MBR）实验

一、实验目的

（1）了解膜生物反应器与传统活性污泥法的区别。

（2）掌握膜生物反应器的构造特点、组成及运行方式。

（3）了解测定膜通量和清洗膜的方法。

二、实验原理

MBR 是将高效膜分离技术与传统活性污泥法相结合的一种新型高效污水处理工艺，它将具有独特结构的 MBR 膜组件置于曝气池中，经过好氧曝气和生物处理后的水，由泵通过滤膜过滤后抽出。它利用膜分离设备将生化反应池中的活性污泥和大分子有机物质截留，省掉二沉池，活性污泥浓度因此大大提高。水力停留时间（HRT）和污泥停留时间（SRT）可以分别控制，而难降解的物质在反应器中可以不断反应、降解。

MBR 中膜的存在大大提高了系统固液分离的能力，从而使系统出水水质和容积负荷都得到大幅度提高。由于膜的过滤作用，微生物被完全截留在膜生物反应器中，实现了水力停留时间与活性污泥泥龄的彻底分离，消除了传统活性污泥法中污泥膨胀的问题。膜生物反应器具有污染物去除效率高、硝化能力强、可同时进行硝化和反硝化、脱氮效果好、出水水质稳定、剩余污泥产量低、设备紧凑、占地面积少（只有传统工艺的 1/3~1/2）、增量扩容方便、自动化程度高、操作简单等优点。

膜污染是指在膜过滤过程中，水中的微粒、胶体粒子或溶质大分子由于与膜存在物理化学作用或机械作用而在膜表面或膜孔内吸附、沉积，造成膜孔径变小或膜堵塞，使膜产生透过流量与分离特性的不可逆变化的现象。

膜污染的形成途径主要有以下三个。

（1）滤饼层。主要是水透过膜时，被截留下来的部分活性污泥和胶体物质没来得及被送走就在滤压差和透过水流的作用下堆积在膜表面，形成膜污染。

（2）溶解性有机物。有机物的来源主要是微生物的代谢产物，它可在膜表面形成凝胶层，也可在膜内微孔表面被吸附而堵塞孔道，使膜通量下降。

（3）微生物。膜表面和膜内的微孔中有微生物所需的营养物质，因而不可避免地会有大量微生物滋生。

影响膜污染的主要因素有膜的性质、污水性质和膜的运行条件等。

三、实验器材

（1）膜生物反应器。

（2）100 mL 量筒、秒表。

（3）COD 快速测定仪。

（4）溶解氧仪。

（5）电子天平。

（6）烘箱。

（7）722N 型可见分光光度计。

四、实验步骤

（一）好氧 MBR 实验

（1）测定清水中的膜通量：用容积法测定不同时间膜的透水量。

（2）培养与驯化活性污泥，待污泥达到一定浓度后即可开始实验。

（3）在一定的气水比和污泥负荷运行条件下，稳定运行 6 h，测定膜生物反应器出水 COD 浓度和氨氮值。

（4）测定膜生物反应器中 SV 和 MLSS 值。

（5）取膜生物反应器中活性污泥，用肉眼观察活性污泥的颜色和性状。取一滴混合液置于载玻片上，盖上盖玻片，在显微镜下观察活性污泥的颜色、菌胶团及生物相组成。

（二）缺氧 - 好氧 MBR 实验

（1）在 MBR 池前端增加一个缺氧池，水力停留时间为 1.5 h，并连接回流管路、水泵和流量计。

（2）根据一定的气水比和污泥负荷运行条件，设定回流比为 50%，好氧段水力停留时间为 6 h，稳定运行一个周期，测定膜生物反应器出水 COD 浓度和氨氮值。

（3）测定膜生物反应器中 SV 和 MLSS 值。

（4）根据一定的气水比和污泥负荷运行条件，设定回流比为 100%，好氧段水力停留时间为 6 h，稳定运行一个周期，测定膜生物反应器出水 COD 浓度和氨氮值。

（5）测定膜生物反应器中 SV 和 MLSS 值。

（三）膜清洗实验

（1）膜组件运行若干周期后，记录膜清洗前膜产水流量及抽吸泵前真空表读数。

（2）将膜组件放入清洗槽，反向连接进出水口，用自来水反洗膜组件 10 min。

（3）将相同运行工况的另一组膜组件放入清洗槽，用 1 000 mg/L 次氯酸钠溶液浸泡 30 min 后，再用次氯酸钠溶液反洗膜组件 5 min，最后用自来水适当清洗。

（4）将两种方式清洗后的膜组件装回反应器，在相同工况下正常产水（或出水），记录膜产水量及抽吸泵前真空表读数。

五、数据记录

膜组件类型：______　　膜丝材质：______　　膜总面积：______

将原始数据及计算结果记录在表 5-5 至表 5-6 中。

表 5-5　MBR 实验记录

运行方式	好氧 6 h	缺氧 1.5 h+ 好氧 6 h
产水量/（L/min）		
原水 COD 浓度/（mg/L）		

续表

运行方式	好氧 6 h	缺氧 1.5 h+ 好氧 6 h
出水 COD 浓度/(mg/L)		
COD 去除率		
原水氨氮浓度/(mg/L)		
出水氨氮浓度/(mg/L)		
氨氮去除率		

表 5-6 膜清洗实验记录

清洗方式	自来水反洗	次氯酸钠反洗
运行前产水量/(L/min)		
清洗前产水量/(L/min)		
膜通量衰减百分比		
清洗前真空表读数		
清洗后产水量/(L/min)		
清洗后真空表读数		
膜通量恢复百分比		

六、思考题

(1)与传统活性污泥法相比,膜生物反应器的污泥量和生物相有哪些不同点?

(2)膜生物反应器工艺的主要优点有哪些?

(3)为减缓膜污染的发生,可以采取哪些工艺手段?膜污染发生后恢复膜通量的主要方法有哪些?

实验十四　污泥消化仿真实验

一、实验目的

（1）加深对污泥消化原理的理解。

（2）掌握厌氧污泥消化的工艺过程。

二、实验原理

污泥厌氧消化是一个多阶段的复杂过程。关于厌氧消化的生化过程有两段理论、三段理论和四段理论，其中三段理论指需要经过三个阶段，即水解酸化阶段、乙酸化阶段、甲烷化阶段。各阶段之间既相互联系又相互影响，各个阶段都有各自特色的微生物群体。

1）水解酸化阶段　一般水解过程发生在污泥厌氧消化的初始阶段。污泥中的非水溶性高分子有机物，如碳水化合物、蛋白质、脂肪、纤维素等，在微生物水解酶的作用下水解成溶解性的物质。水解后的物质在兼性菌和厌氧菌的作用下转化成短链脂肪酸，如乙酸、丙酸、丁酸等，以及乙醇、二氧化碳。

2）乙酸化阶段　水解阶段产生的简单可溶性有机物在产氢和产酸细菌的作用下，进一步分解成挥发性脂肪酸（如丙酸、乙酸、丁酸、长链脂肪酸）、醇、酮、醛、二氧化碳和氢气等。该过程中乙酸菌和甲烷菌是共生的。

3）甲烷化阶段　甲烷化阶段发生在污泥厌氧消化后期，在这一过程中，甲烷菌将乙酸（CH_3COOH）和 H_2、CO_2 分别转化为甲烷，反应式如下：

$$CH_3COOH \rightarrow CH_4\uparrow + CO_2\uparrow$$

$$4H_2+CO_2 \rightarrow CH_4+ 2H_2O$$

在整个厌氧消化过程中，由乙酸产生的甲烷约占甲烷总量的 2/3，由 CO_2 和 H_2 转化的甲烷约占甲烷总量的 1/3。

污泥厌氧消化是对有机污泥进行稳定处理的最常用的方法，可以处理有机物含量较高的污泥。有机物被厌氧分解，随着污泥的稳定化，产生大量高热值的沼气，可作为能源利用，从而实现污泥资源化。厌氧消化池主要用于处理城市污水处理厂的污泥，也可用于处理固体含量很高的有机废水。它的主要作用是：①将污泥中的一部分有机物转化为沼气；②将污泥中的一部分有机物转化为稳定性良好的腐殖质；③提高污泥的脱水性能；④使得污泥的体积减少 1/2 以上；⑤使污泥中的致病微生物得到一定程度的灭活，有利于污泥的进一步处理和利用。污泥厌氧消化可以去除污泥中 30%~50% 的有机物并使之稳定化，是污泥减量化、稳定化的常用手段之一，是大型污水厂最为经济的污泥处理方法。

污泥消化反应在污泥消化罐内进行，污泥厌氧消化一般采用中温 35 ℃消化。甲烷菌对温度波动非常敏感，一般应将消化污泥的温度波动控制在 ±1 ℃范围内。为保持消化池内的温度适中，必须对进泥进行加热升温。厌氧消化池的常用加热方式有在消化池外用热交换器预热、用蒸汽直接在消化池内加热、在消化池内部安装热水加热盘管等三种，还有在消化池外建预热投配池对生污泥加热后再投加到消化池中的方式。本实验中的反应采取蒸汽加热的方式进行。

混合搅拌是提高污泥厌氧消化效率的关键条件之一，没有搅拌的厌氧消化池，池内料液必然存在分层现象。通过搅拌可消除分层，增加污泥与微生物的接触，使池中污泥混合均匀，并促进沼气与消化液的分离，同时防止浮渣层结壳。为使反应充分进行，在消化罐内设有螺旋桨，通过池外电机驱动而转动，从而对消化混合液进行搅拌，搅拌强度一般为10~20 W/m³ 池容，所需能耗约为 0.006 5 kW/m³，每个搅拌器的最佳搅拌半径为 3~6 m。

三、实验步骤

本工艺设计中消化罐有效容积为 2 000 m³，消化罐内的污泥量为 67~100 m³，进泥总固体约为 30 000 mg/L，挥发性固体约为 20 000 mg/L。

（1）打开污泥投配泵的进泥开关（红色为关闭状态、绿色为开启状态）。

（2）调节进泥阀的开度，开度大小对应进泥量（m³）的多少，具体数值为图中红色框中数值，液位会随进泥量的不同而不同。

（3）在温度设置框中输入消化反应的温度，点击“确定”按钮，温度显示仪表实时显示消化罐内温度变化。

（4）打开消化罐上方电机开关，消化罐内螺旋桨开始转动进行搅拌。

（5）打开排泥泵。

（6）当排出污泥中实时挥发性固体（VS）去除率大于 40% 时，满足排放标准，可以开启排泥阀进行排泥。

污泥消化仿真实验操作界面如图 5-1 所示。

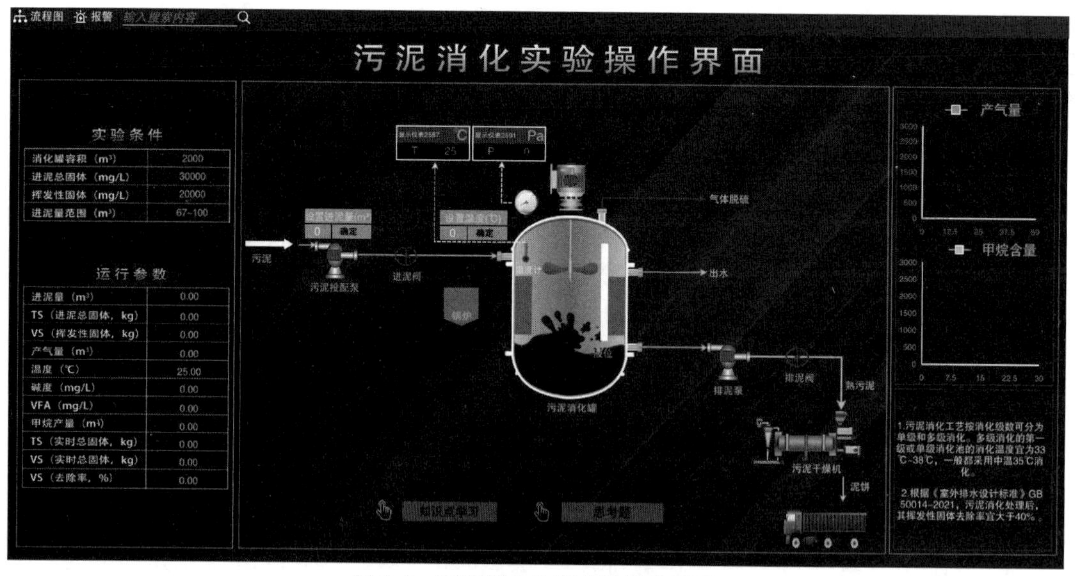

图 5-1　污泥消化仿真实验操作界面

四、课后练习

污泥消化实验仿真软件设有思考题，如图 5-2 所示，点击“请选择”下拉列表，在下拉列表中选择正确答案。

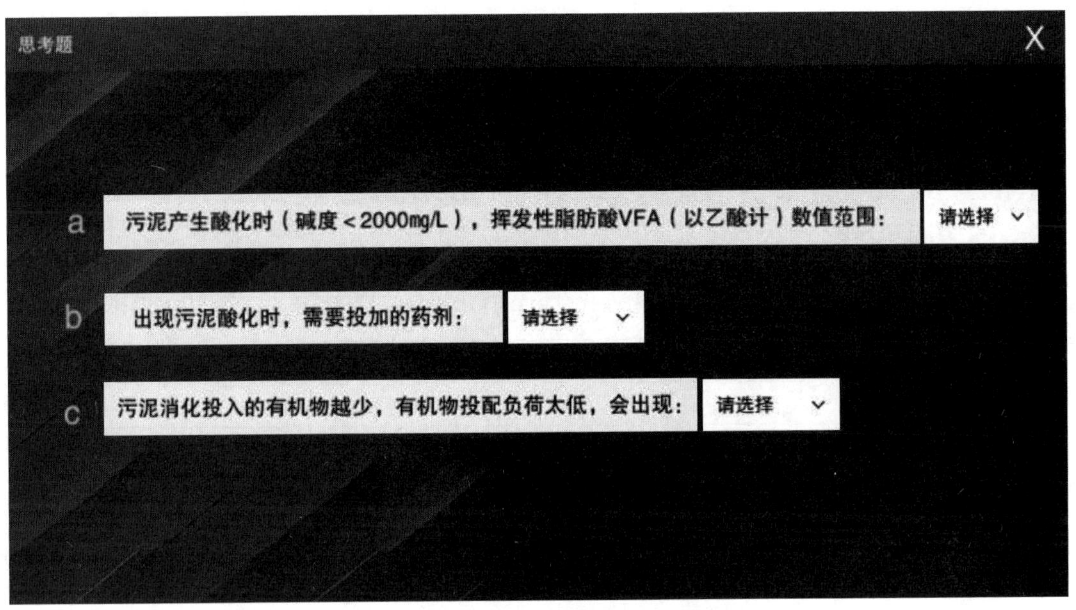

图 5-2　污泥消化仿真实验思考题界面

附录

附录 A　常用正交表

表 A.1　$L_4(2^3)$

实验号	列号		
	1	2	3
1	1	1	1
2	1	2	2
3	2	1	2
4	2	2	1

表 A.2　$L_8(2^7)$

实验号	列号						
	1	2	3	4	5	6	7
1	1	1	1	1	1	1	1
2	1	1	1	2	2	2	2
3	1	2	2	1	1	2	2
4	1	2	2	2	2	1	1
5	2	1	2	1	2	1	2
6	2	1	2	2	1	2	1
7	2	2	1	1	2	2	1
8	2	2	1	2	1	1	2

表 A.3　$L_{12}(2^{11})$

实验号	列号										
	1	2	3	4	5	6	7	8	9	10	11
1	1	1	1	1	1	1	1	1	1	1	1
2	1	1	1	1	1	2	2	2	2	2	2
3	1	1	2	2	2	1	1	1	2	2	2
4	1	2	1	2	2	1	2	2	1	1	2
5	1	2	2	1	2	2	1	2	1	2	1
6	1	2	2	2	1	2	2	1	2	1	1

续表

实验号	列号										
	1	2	3	4	5	6	7	8	9	10	11
7	2	1	2	2	1	1	2	2	1	2	1
8	2	1	2	1	2	2	2	1	1	1	2
9	2	1	1	2	2	2	1	2	2	1	1
10	2	2	2	1	1	1	1	2	2	1	2
11	2	2	1	2	1	2	1	1	1	2	2
12	2	2	1	1	2	1	2	1	2	2	1

表 A.4　$L_9(3^4)$

实验号	列号			
	1	2	3	4
1	1	1	1	1
2	1	2	2	2
3	1	3	3	3
4	2	1	2	3
5	2	2	3	1
6	2	3	1	2
7	3	1	3	2
8	3	2	1	3
9	3	3	2	1

表 A.5　$L_{16}(4^5)$

实验号	列号				
	1	2	3	4	5
1	1	1	1	1	1
2	1	2	2	2	2
3	1	3	3	3	3
4	1	4	4	4	4
5	2	1	2	3	4
6	2	2	1	4	3
7	2	3	4	1	2
8	2	4	3	2	1
9	3	1	3	4	2
10	3	2	4	3	1
11	3	3	1	2	4

续表

实验号	列号				
	1	2	3	4	5
12	3	4	2	1	3
13	4	1	4	2	3
14	4	2	3	1	4
15	4	3	2	4	1
16	4	4	1	3	2

表 A.6 $L_{25}(5^6)$

实验号	列号					
	1	2	3	4	5	6
1	1	1	1	1	1	1
2	1	2	2	2	2	2
3	1	3	3	3	3	3
4	1	4	4	4	4	4
5	1	5	5	5	5	5
6	2	1	2	3	4	5
7	2	2	3	4	5	1
8	2	3	4	5	1	2
9	2	4	5	1	2	3
10	2	5	1	2	3	4
11	3	1	3	5	2	4
12	3	2	4	1	3	5
13	3	3	5	2	4	1
14	3	4	1	3	5	2
15	3	5	2	4	1	3
16	4	1	4	2	5	3
17	4	2	5	3	1	4
18	4	3	1	4	2	5
19	4	4	2	5	3	1
20	4	5	3	1	4	2
21	5	1	5	4	3	2
22	5	2	1	5	4	3
23	5	3	2	1	5	4
24	5	4	3	2	1	5
25	5	5	4	3	2	1

表 A.7　$L_8(4\times2^4)$

实验号	列号				
	1	2	3	4	5
1	1	1	1	1	1
2	1	2	2	2	2
3	2	1	1	2	2
4	2	2	2	1	1
5	3	1	2	1	2
6	3	2	1	2	1
7	4	1	2	2	1
8	4	2	1	1	2

表 A.8　$L_{12}(3\times2^4)$

实验号	列号				
	1	2	3	4	5
1	1	1	1	1	1
2	1	1	1	2	2
3	1	2	2	1	2
4	1	2	2	2	1
5	2	1	2	1	1
6	2	1	2	2	2
7	2	2	1	2	2
8	2	2	1	2	2
9	3	1	2	1	2
10	3	1	1	2	1
11	3	2	1	1	2
12	3	2	2	2	1

表 A.9　$L_{16}(4^4\times2^3)$

实验号	列号						
	1	2	3	4	5	6	7
1	1	1	1	1	1	1	1
2	1	2	2	2	1	2	2
3	1	3	3	3	2	1	2
4	1	4	4	4	2	2	1
5	2	1	2	3	2	2	1
6	2	2	1	4	2	1	2

续表

实验号	列号						
	1	2	3	4	5	6	7
7	2	3	4	1	1	2	2
8	2	4	3	2	1	1	1
9	3	1	3	4	1	2	2
10	3	2	4	3	1	1	1
11	3	3	1	2	2	2	1
12	3	4	2	1	2	1	2
13	4	1	4	2	2	1	2
14	4	2	3	1	2	2	1
15	4	3	2	4	1	1	1
16	4	4	1	3	1	2	2

附录 B　水中碱度的测定

一、试剂

（1）无二氧化碳水。

（2）酚酞乙醇溶液：称取 0.5 g 酚酞溶于 50 mL 95% 乙醇溶液中，用水稀释至 100 mL。用 0.1 mol/L 氢氧化钠溶液滴至出现淡红色为止。

（3）甲基橙水溶液：称取 0.05 g 甲基橙溶于 100 mL 蒸馏水中。

（4）0.1 mol/L 盐酸标准溶液。

二、步骤

（1）用 100 mL 移液管准确量取 100 mL 未知水样于 250 mL 锥形瓶中，加入 4 滴酚酞乙醇溶液，摇匀。当溶液呈红色时，用盐酸标准溶液滴定至刚刚褪至无色即为终点，记录盐酸标准溶液用量，记为 P（mL）。若加酚酞指示剂后溶液无色，则不需用盐酸标准溶液滴定。接着进行下一步操作。

（2）向上述锥形瓶中加入 3 滴甲基橙水溶液，摇匀。继续用盐酸标准溶液滴定至溶液由橘黄色刚刚变为橘红色为止。记录盐酸标准溶液用量，记为 M（mL）。

三、计算

$$\text{总碱度（以}CaCO_3\text{计，mg/L）}=\frac{c(P+M)\times 50.05}{V}\times 1\,000$$

式中　c——盐酸标准溶液浓度，mol/L；

V——水样体积，mL；

50.05——碳酸钙（1/2 $CaCO_3$）摩尔质量，g/mol。

如需计算水样中各类碱度的含量，可根据 P、M 值进行判断并代入上式计算。

附录C 水中硬度的测定

一、试剂

1. 缓冲溶液（pH = 10）

（1）称取16.9 g氯化铵（NH_4Cl）溶于143 mL氨水（$NH_3 \cdot H_2O$）中，加入1.25 g EDTA二钠镁，用蒸馏水稀释至250 mL。

（2）如无EDTA二钠镁，可先将16.9 g氯化铵溶于143 mL氨水中。另取0.78 g硫酸镁（$MgSO_4 \cdot 7H_2O$）和1.179 g二水合EDTA二钠溶于50 mL蒸馏水中，加入2 mL配好的氯化铵的氨水溶液和0.2 g左右铬黑T指示剂干粉，此时溶液应显紫红色，如出现蓝色，应再加入极少量硫酸镁使变为紫红色。逐滴加入EDTA二钠溶液直至溶液由紫红色转变为纯蓝色为止（切勿过量），将两液合并，加蒸馏水定容至250 mL。如果合并后溶液又转为紫色，在计算结果时应做空白校正。

2. 铬黑T指示剂

将0.5 g铬黑T溶于100 mL三乙醇胺，可最多用25 mL乙醇代替三乙醇胺以减小溶液的黏性。将溶液盛放在棕色瓶中，放置于冰箱中保存，可稳定一个月。（或者配成铬黑T指示剂干粉，称取0.5 g铬黑T与100 g氯化钠充分研细混匀，盛放在棕色瓶中，密塞保存，可长期使用。）

3. 2 mol/L氢氧化钠溶液

将8 g氢氧化钠溶于100 mL新煮沸放冷的蒸馏水中，盛放在聚乙烯瓶中。避免空气中二氧化碳的污染。

4. 0.010 0 mol/L EDTA标准溶液

（1）配制：将3.725 g二水合EDTA二钠溶于蒸馏水，移入1 000 mL容量瓶中，稀释至标线，存放在聚乙烯瓶中。

（2）标定：吸取20.0 mL钙标准溶液稀释至50 mL，置于250 mL锥形瓶中，加2 mL氢氧化钠溶液、约0.2 g钙羧酸（$C_{21}H_{14}N_2O_7S \cdot 3H_2O$，简写为HSN）指示剂干粉，立即用EDTA溶液滴定，直至溶液由紫红色变为纯蓝色，记录消耗EDTA溶液体积的毫升数。

（3）浓度计算：EDTA溶液的浓度（c_1），以mmol/L为单位，用下式计算：

$$c_1 = \frac{c_2 V_2}{V_1}$$

式中 c_2——钙标准溶液的浓度，mmol/L；

V_2——钙标准溶液的体积，mL；

V_1——消耗的EDTA溶液的体积，mL。

计算结果保留四位有效数字。

5. 10 mmol/L钙标准溶液

预先将碳酸钙在150 ℃下干燥2 h，冷却后，称取1.001 g置于500 mL锥形瓶中，用蒸馏水润湿。逐滴加入 4 mol/L 盐酸至碳酸钙完全溶解。再加 200 mL 蒸馏水，煮沸数分钟驱除二氧化碳，冷至室温，加入数滴甲基红指示液（将 0.1 g 甲基红溶于 100 mL 60% 乙醇中制得）。逐滴加入 3 mol/L 氨水直至溶液由红色变为橙色，移入 1 000 mL 容量瓶中，稀释至标线。此溶液 1.00 mL 含 0.400 8 mg（0.01 mmol）钙。

6. 钙羧酸指示剂干粉

将 0.2 g 钙羧酸与 100 g 氯化钠充分研细混匀，存放在广口棕色瓶中，密塞保存。

二、步骤

（1）用 50 mL 移液管吸取 50.0 mL 水样置于 250 mL 锥形瓶中。

（2）用吸量管加 4 mL 缓冲溶液，用滴管滴加 3 滴铬黑 T 指示剂（或加 50~100 mg 指示剂干粉），此时溶液应呈紫红或紫色，其 pH 值应为 10.0 ± 0.1。

（3）立即用 EDTA 标准溶液滴定。开始滴定时速度宜稍快，接近终点时宜稍慢，并充分振摇，每滴间隔 2~3 s，滴定至紫色消失且刚出现纯蓝色即为终点，整个滴定过程应在 5 min 内完成。记录消耗 EDTA 溶液体积的毫升数。

三、计算

对实验数据进行检验，剔除离群数据，求出水样的总硬度。

$$\text{总硬度（mmol/L）} = \frac{c_1 V_1}{V_0} \times 1\,000$$

式中 c_1——EDTA 标准溶液浓度，mol/L；

V_1——消耗 EDTA 溶液的体积，mL；

V_0——水样体积，mL。

1 mmol/L 相当于 100.1 mg/L 以 $CaCO_3$ 表示的硬度。计算结果保留小数点后两位。

附录 D 氨氮的测定——纳氏试剂分光光度法

一、试剂

（1）纳氏试剂：称取 16 g 氢氧化钠，溶于 50 mL 水中，充分冷却至室温。另称取 7 g 碘化钾（KI）和碘化汞（HgI_2）溶于水，然后将此溶液在搅拌下徐徐注入氢氧化钠溶液中。用水稀释至 100 mL，贮于聚乙烯瓶中，密塞保存。

（2）50% 酒石酸钾钠溶液。

（3）氨标准贮备液：溶解 3.819 g 氯化铵，移入 1 000 mL 容量瓶中，用无氨水稀释至标线。此溶液氨氮含量为 1.0 mg/mL。

（4）氨标准溶液：将氨标准贮备液稀释 100 倍得到。

二、步骤

1. 标准系列配制

（1）准确吸取 0、0.50、1.00、3.00、5.00、7.00、10.00 mL 氨标准溶液分别置于 7 个 50 mL 比色管中，加蒸馏水至标线。

（2）加 1.0 mL 酒石酸钾钠溶液，混匀。再加 1.5 mL 纳氏试剂，混匀。

（3）静置 10 min，显色。

2. 水样测定

取 50 mL 水样置于 50 mL 比色管中，显色方法同标准系列。

3. 测量

分光光度计比色：用 1 cm 比色皿，在 420 nm 波长处，以零浓度溶液为参比溶液，测量吸光度。绘制校准曲线，从校准曲线上查出水样含量。

三、计算

将数据记录在表 D-1 中。

表 D-1 氨氮的测定数据记录

序号	1	2	3	4	5	6	7	水样 1	水样 2
含量									
吸光度									

$$c=\frac{m}{V}\times 1\,000$$

式中 c——氨氮含量，μg/L；

m——由校准曲线查得的氨氮量，μg；

V——水样体积，mL。

附录 E　水中正磷酸盐的测定

一、试剂

(1)10% 抗坏血酸溶液:贮存在棕色瓶中,如颜色变黄,应重新配制。

(2)钼酸盐溶液:溶解 13 g 钼酸铵($(NH_4)_6Mo_7O_{24}\cdot 4H_2O$)于 100 mL 水中。溶解 0.35 g 酒石酸锑氧钾($K(SbO)C_4H_4O_6\cdot 1/2H_2O$)于 100 mL 水中。在不断搅拌下,先将钼酸铵溶液慢慢加入 300 mL(1+1)硫酸溶液中,再加入酒石酸锑氧钾溶液并混合均匀。贮存在棕色瓶中,保存在约 4 ℃下,可稳定两个月。

(3)磷酸盐标准贮备液:溶解 0.219 7 g 优级纯磷酸二氢钾(KH_2PO_4),移入 1 000 mL 容量瓶,加入 5 mL(1+1)硫酸溶液,用蒸馏水稀释至标线。此溶液的磷含量为 50.0 μg/mL(以 P 计)。

(4)磷酸盐标准溶液:将磷酸盐标准贮备液稀释 25 倍得到。此溶液的磷含量为 2.0 μg/mL。临用时现配。

二、步骤

1. 标准系列配制

(1)准确吸取 0、0.50、1.00、3.00、5.00、10.00、15.00 mL 磷酸盐标准溶液置于 50 mL 比色管中,加蒸馏水至标线。

(2)加 1.0 mL10% 抗坏血酸溶液,混匀。30 s 后,加 2 mL 钼酸盐溶液,混匀。

(3)静置 15 min,显色。

2. 水样测定

取 50 mL 水样,测定方法同标准系列。

3. 测量

分光光度计比色:用 1 cm 比色皿,在 700 nm 波长处,以零浓度溶液为参比溶液,测量吸光度。绘制校准曲线,从校准曲线上查出水样含量。

三、计算

将数据记录在表 E-1 中。

表 E-1　磷酸盐的测定数据记录

序号	1	2	3	4	5	6	7	水样 1	水样 2
含量									
吸光度									

$$c=\frac{m}{V}\times 1\,000$$

式中 c——磷酸盐的含量,μg/L;
m——由校准曲线查得的磷量,μg;
V——水样体积,mL。

附录 F　水中总氮的测定

一、试剂

（1）无氨水：每升水中加入 0.1 mL 浓硫酸，蒸馏，收集馏出液于玻璃容器中，或用新制备的去离子水代替无氨水。

（2）20% 氢氧化钠溶液：称取 20 g 氢氧化钠，溶于无氨水中，稀释至 100 mL。

（3）碱性过硫酸钾溶液：称取 40 g 过硫酸钾（$K_2S_2O_8$）、15 g 氢氧化钠，溶于无氨水中，稀释至 1 000 mL。溶液存放在聚乙烯瓶内，可贮存一周。

（4）（1+9）盐酸。

（5）硝酸钾标准贮备液：称取 0.721 8 g 在 105~110 ℃下烘干 4 h 的优级纯硝酸钾（KNO_3），溶于无氨水中，移至 1 000 mL 容量瓶中定容。此溶液每毫升含 100 μg 硝酸盐氮。加入 2 mL 三氯甲烷作为保护剂，至少可稳定六个月。

（6）硝酸钾标准溶液：将贮备液用无氨水稀释 10 倍而得。此溶液每毫升含 10 μg 硝酸盐氮。

二、步骤

1. 校准曲线的绘制

（1）分别吸取 0、0.50、1.00、2.00、3.00、5.00、7.00、8.00 mL 硝酸钾标准溶液置于 25 mL 比色管中，用无氨水稀释至 10 mL 标线。

（2）加入 5 mL 碱性过硫酸钾溶液，塞紧磨口塞，用纱布及纱绳裹紧管塞，以防迸溅出。

（3）将比色管置于压力蒸汽消毒器中加热 0.5 h，放气使压力指针回零。然后升温至 120~124 ℃开始计时（或将比色管置于民用压力锅中，加热至顶压阀吹气开始计时），使比色管在过热水蒸气中加热 0.5 h。

（4）自然冷却，开阀放气，移去外盖，取出比色管并冷却至室温。

（5）加入（1+9）盐酸 1 mL，用无氨水稀释至 25 mL 标线。

（6）在紫外分光光度计上，以无氨水为参比溶液，用 1 cm 石英比色皿分别在 220 nm 及 275 nm 波长处测定吸光度。用校正的吸光度绘制校准曲线。

2. 样品测定步骤

取 10 mL 水样，或取适量水样（使含氮量为 20~80 μg）。按校准曲线绘制的步骤（2）至（6）操作。然后按校正吸光度，在校准曲线上查出相应的总氮量，再用下列公式计算总氮含量（单位为 mg/L）：

$$总氮含量 = \frac{m}{V}$$

式中　m——从校准曲线上查得的含氮量，μg；

　　　V——所取水样体积，mL。

附录 G　余氯标准比色溶液的配制

一、试剂

1. 邻联甲苯胺溶液

称取 1 g 邻联甲苯胺，溶于 5 mL（1+4）盐酸中，将其调成糊状，加入 150~200 mL 蒸馏水使其完全溶解，置于量筒中，补加蒸馏水至 505 mL，最后加入（1+4）盐酸 495 mL，共 1 000 mL。此溶液放在棕色瓶内，置于冷暗处保存。

2. 亚砷酸钠溶液

称取 5 g 亚砷酸钠，溶于蒸馏水中，稀释至 1 L。

3. 磷酸盐缓冲溶液

将分析纯无水磷酸氢二钠（Na_2HPO_4）和分析纯无水磷酸二氢钾（KH_2PO_4）放在 105~110 ℃烘箱内，烘干 2 h 取出，放在干燥器内冷却。前者称取 22.86 g，后者称取 46.14 g，两种药剂共同溶于蒸馏水中，稀释至 1 L。至少静置 4 d，等其中沉淀物析出后过滤。取滤液 800 mL，加蒸馏水稀释至 4 L，即得磷酸盐缓冲溶液 4 L。此溶液的 pH 值等于 6.45。

4. 铬酸钾 - 重铬酸钾溶液

称取 4.65 g 分析纯干燥铬酸钾（K_2CrO_4）和 1.55 g 分析纯干燥重铬酸钾（$K_2Cr_2O_7$），溶于磷酸盐缓冲溶液中，再加入纯水定容至 1 L。此溶液（指定容后）呈现的颜色相当于 10 mg/L 余氯与邻联甲苯胺所产生的颜色。。

二、余氯标准比色溶液的配制

按照表 G-1 取所需的铬酸钾 - 重铬酸钾溶液，用移液管加到 100 mL 比色管中，再用磷酸盐缓冲溶液稀释至标线，记录其相当于氯的量（mg/L），即可得余氯标准比色溶液。

表 G-1　余氯标准比色溶液的配制

含氯量/（mg/L）	铬酸钾 - 重铬酸钾溶液体积/mL	含氯量/（mg/L）	铬酸钾 - 重铬酸钾溶液体积/mL
0.01	0.1	0.50	5.0
0.02	0.2	0.60	6.0
0.05	0.5	0.70	7.0
0.07	0.7	0.80	8.0
0.10	1.0	0.90	9.0
0.15	1.5	1.00	10.0
0.20	2.0	2.00	19.7
0.30	3.0	3.00	29.0
0.40	4.0	4.00	39.0
5.00	48.0	8.00	77.5

续表

含氯量/（mg/L）	铬酸钾 - 重铬酸钾溶液体积/mL	含氯量/（mg/L）	铬酸钾 - 重铬酸钾溶液体积/mL
6.00	58.0	9.00	87.0
7.00	68.0	10.00	97.0

附录H　COD浓度的测定——快速消解法

在强酸性条件下，向水样中加入一定量的重铬酸钾作为氧化剂，在催化剂Ag_2SO_4-H_2SO_4及助催化剂硫酸铝钾与钼酸铵作用下（如果水样中含有氯离子，则需要加入掩蔽剂$HgSO_4$），置于具密封塞的消解管里，放入165 ℃恒温加热器中加热10 min，重铬酸钾中的六价铬被水中的还原性物质还原为三价铬，用分光光度计在610 nm波长处测定三价铬的含量，然后根据三价铬离子的量换算成所消耗氧的质量浓度。

一、试剂

1. COD贮备液

称取0.425 1 g邻苯二甲酸氢钾用重蒸馏水溶解后，转移至500 mL容量瓶中，用重蒸馏水稀释至标线。此贮备液的COD浓度（或称COD值）为1 000 mg/L。

2. 掩蔽剂

称取10.0 g分析纯$HgSO_4$，溶解于100 mL 10%硫酸溶液中，配成掩蔽剂。

3. Ag_2SO_4-H_2SO_4催化剂

称取4.4 g分析纯Ag_2SO_4，溶解于500 mL浓硫酸中。

4. 消解液

称取9.8 g重铬酸钾、25.0 g硫酸铝钾、5 g钼酸铵，溶于250 mL蒸馏水中，加入100 mL浓硫酸，冷却后，转移至500 mL容量瓶中，用蒸馏水稀释至标线。该溶液的重铬酸钾浓度约为0.20 mg/L。

二、步骤

1. 选择合适的消解液

由于水样的COD浓度不同，所以在消解时需要选择不同浓度的重铬酸钾消解液来进行消解。根据表H-1进行消解液的选择。

表H-1　不同COD浓度的水样所选择重铬酸钾消解液浓度

COD浓度/（mg/L）	<50	50~1 000	1 000~2 500
消解液中重铬酸钾浓度/（mol/L）	0.05	0.20	0.40

2. 绘制COD标准曲线

分别取上述配制的COD贮备液5、10、20、40、60、80 mL置于100 mL容量瓶中，然后加水稀释至标线，可得到COD浓度分别为50、100、200、400、600、800 mg/L的标准溶液。向6个具密封塞的15 mL消解管中分别先准确加入3 mL不同浓度的COD标准系列使用液，然后加入1 mL掩蔽剂，摇匀，再加入1 mL消解液，迅速摇匀，再加入5 mL催化剂，旋紧密封盖，混匀。将消解管放入已事先预热至165 ℃的加热器中，打开计时开关。待10 min后加热器自动报时，取出消解管，先自然冷却 2 min，然后水冷至室温。打开消解管的密封盖，用移液管准确加入 2 mL 蒸馏水，旋紧密封盖，摇匀后将其冷却，然后将溶液倒入 1 cm 比色皿中，以空白试剂做参比，在 610 nm 波长处测定吸光度。用所测吸光度减去空白实验吸光度后，得到校正的吸光度，再绘制校正之后 COD 吸光度的标准曲线，并得出回归方程式。

3. 测定样品

用移液管准确吸取 3 mL 水样，置于 15 mL 具密封塞的加热管中，然后加入 1 mL 掩蔽剂，立即摇匀。再加入 1 mL 消解液，迅速摇匀，最后加 5 mL 催化剂。旋紧密封塞混匀，放入加热器中进行消解。消解后操作方法同标准曲线绘制的方法，测量其吸光度。

4. 确定 COD 浓度

用水样所测吸光度减去空白实验的吸光度后，根据标准曲线查得 COD 浓度。

附录 I 色度的测定——稀释倍数法

（1）分别取水样和无色水置于 50 mL 具塞比色管中，加至标线，将具塞比色管放在白色表面上，垂直向下观察液柱颜色，比较水样和无色水，描述水样呈现的色度和色调（如可能，包括透明度）。

（2）将水样用无色水逐级稀释成不同倍数，分别置于 50 mL 具塞比色管中，加至标线。将装有不同稀释倍数水样的比色管和装有无色水的比色管，并排放在白色表面上，垂直向下观察液柱颜色，依次比较。

将水样稀释至刚好与无色水无法区别为止，记下此时的稀释倍数。

稀释的方法：水样的色度在 50 倍以上时，用移液管计量吸取试样放入容量瓶中，用无色水稀释至标线，每次取大的稀释比，使稀释后色度在 50 倍之内；水样的色度在 50 倍以下时，在具塞比色管中取试样 25 mL，用无色水稀释至标线，每次稀释倍数为 2。

记下各次稀释倍数值，将逐级稀释的各次倍数相乘，所得之积取整数值，以此表示样品的色度。同时用文字描述样品的颜色深浅、色调等，在报告样品色度的同时，报告 pH 值。

附录 J　不同温度下清水饱和溶解氧浓度对照表

温度/℃	溶解氧浓度/(mg/L)	温度/℃	溶解氧浓度/(mg/L)
0	14.62	16	9.95
1	14.23	17	9.74
2	13.84	18	9.54
3	13.48	19	9.35
4	13.13	20	9.17
5	12.80	21	8.99
6	12.48	22	8.83
7	12.17	23	8.63
8	11.87	24	8.53
9	11.59	25	8.38
10	11.33	26	8.22
11	11.08	27	8.07
12	10.83	28	7.92
13	10.60	29	7.77
14	10.37	30	7.63
15	10.15		